Curt Agte und Karel Ocetek

METALLFILTER

CURT AGTE UND KAREL OCETEK

METALLFILTER

IHRE HERSTELLUNG, IHRE EIGENSCHAFTEN UND IHRE ANWENDUNG

1957

AKADEMIE-VERLAG · BERLIN

Erschienen im Akademie-Verlag GmbH., Berlin W 8, Mohrenstr. 39
Lizenz-Nr.: 202 · 100/279/57
Satz und Druck: Druckhaus Maxim Gorki, Altenburg
Bestell- und Verlagsnummer: 5221
Printed in Germany

VORWORT

In dem vorliegenden Buch ist der Versuch gemacht, ein bestimmtes Anwendungsgebiet der pulvermetallurgischen Erzeugung zu beschreiben, welches schon jetzt und noch mehr in der Zukunft von hoher wirtschaftlicher und technischer Bedeutung sein wird. Eine detaillierte Einzeldarstellung des Gebietes der porösen metallischen Sinterkörper ist, soweit den Verfassern bekannt ist, bisher weder im östlichen noch im westlichen Ausland durchgeführt worden. In den bekannten pulvermetallurgischen Sammelwerken, wie z. B. von BALSHIN, GOETZEL, KIEFFER-HOTOP usw., nimmt die Beschreibung der Herstellung, Eigenschaften und Anwendung poröser Sinterwerkstoffe nur einen sehr beschränkten Raum ein, die der Bedeutung dieser Materialien im Rahmen der pulvermetallurgischen Forschung und Erzeugung nicht gerecht wird.

Die Verfasser sind daher der Meinung, daß die Herausgabe eines Werkes, welches sich nur und ausschließlich mit metallischen porösen Sinterwerkstoffen befaßt, berechtigt ist und daß dadurch eine fühlbare Lücke im Schrifttum geschlossen wird. Da das Buch in der Literatur keinen Vorgänger findet, mußten bei der Gliederung des Stoffes und seiner Darstellung die persönlichen Ansichten der Verfasser in viel stärkerem Maße zur Geltung kommen, als dies sonst bei der Herausgabe von Büchern, über die bereits frühere Darstellungen vorliegen, der Fall zu sein pflegt.

Bei den porösen metallischen Sinterwerkstoffen handelt es sich um ein überaus wichtiges Teilgebiet der Pulvermetallurgie, welches schon heute von außerordentlich großer technischer und wirtschaftlicher Bedeutung ist und welches in nicht allzu ferner Zukunft noch eine erheblich verbreiterte Anwendung finden wird. Es ist sicher, daß dadurch die pulvermetallurgische Herstellung von metallischen Sinterkörpern eine sehr starke Ausdehnung erfahren wird und daß vielleicht sogar ihr Anteil an der Gesamtfertigung der Pulvermetallurgie alle anderen Anwendungsgebiete übertreffen wird. Es ist dies um so mehr der Fall, weil tatsächlich die Pulvermetallurgie als der einzige mögliche Weg erscheint, um metallische poröse Sinterkörper herstellen zu können. Es ist anzunehmen, daß eine zusammenfassende Darstellung dieses Gebietes in vielen Kreisen der Technik und Industrie ein größeres Interesse finden wird, zumal in vielen und verschiedensten Industriezweigen solche porösen Körper benutzt werden und durch sie erst die erfolgreiche Durchführung der verschiedensten Arbeitsvorgänge, Reaktionen usw. möglich ist.

Es war zunächst bei der Darstellung des Stoffes notwendig, klare Vorstellungen über die Grundeigenschaften poröser Werkstoffe zu entwickeln. Es sind dies vor allem die verschiedenen Arten der Porosität, die Durchlässigkeit bzw. die Permeabilität des porösen Körpers, die Porengröße sowie Art und Verlauf der Poren im Sinterprodukt. Dies ist im besonderen im Kapitel 2.00 geschehen. Die Meßmethoden zur Bestimmung dieser genannten Grundeigenschaften sind im Kapitel 5.00 dargestellt worden.

Es ist von technisch entscheidender Bedeutung, poröse Sinterwerkstoffe hoher Porosität und großer Durchlässigkeit zu entwickeln, die gleichzeitig einen hohen Anteil an wirksamen d. h. vollständig durchgehenden Poren besitzen. Dies führt zu zwei wichtigen technischen Teilproblemen. Das erste ist die Herstellung von Metallpulvern gleichmäßiger Korngröße und möglichst idealer Kugelgestalt des Kornes (vgl. Kap. 3.00). Das zweite ist die Offenhaltung der Poren während der Wärmebehandlung durch Verwendung von Füllstoffen (vgl. Kap. 4.00). Eine weitere Beeinflussung der Grundeigenschaften eines porösen Sinterkörpers ist durch die Verfahrenstechnik möglich (vgl. Kap. 6.00) sowie durch die Herstellungsbedingungen, die bei ihrer Erzeugung angewendet werden (vgl. Kap. 9.00).

Die vorstehend gemachten Erwägungen beziehen sich ganz allgemein auf poröse metallische Sinterwerkstoffe, wobei je nach der Größe der verlangten Durchlässigkeit und der Filterwirksamkeit die verschiedensten Verfahren zur Anwendung kommen, wie z. B. das klassische pulvermetallurgische Erzeugungsverfahren, die Sinterung lose geschütteter Pulver sowie das direkte Verwalzen von Metallpulvern. Wegen der großen Vielzahl der Anwendungsmöglichkeiten poröser Sinterkörper haben wir indessen den Schwerpunkt der Darstellung auf die Herstellung, die Eigenschaften und die Anwendung von Metallfiltern gelegt, wie dies auch in dem Titel des Buches zum Ausdruck gebracht wird.

Auf dem Gebiet der metallischen Filter liegt auch der Schwerpunkt der Forschungs- und Versuchsarbeiten der Verfasser. Das Buch ist daher gleichzeitig eine Art Rechenschaftsbericht über die speziell in der ČSR durchgeführte Entwicklung von metallischen Filtern, wobei diese Entwicklung nach Meinung der Verfasser zu einigen wesentlichen Gesichtspunkten für die zukünftige betriebliche Erzeugung und Weiterentwicklung von metallischen Filtern hoher Wirksamkeit geführt hat.

Entsprechend dieser Zielsetzung haben die Verfasser sich bemüht, in systematischer Weise diejenigen Einflüsse zu untersuchen, die von technischer Bedeutung für die Eigenschaften eines metallischen Filters sind. Es ist dies im besonderen in den Kapiteln 7.00 und 11.00 geschehen. Dies führte zu einer Vertiefung der Vorstellung vieler Erscheinungen, die mittelbar oder unmittelbar mit der Filtrierung von Flüssigkeiten oder Gasen durch metallische Filter zu tun haben. Besonders deutlich tritt dies im Kapitel 11.00 in Erscheinung.

Für die Herstellung metallischer Filter und anderer poröser Sinterkörper werden bereits heute die verschiedensten Werkstoffe benutzt. Die Systematik der Darstellung konnte daher an einer Beschreibung der verschiedensten Filterwerkstoffe nicht vorübergehen (vgl. Kap. 8.00).

Von technischer Bedeutung ist auch die Frage der Regeneration und Reinigung verstopfter oder erblindeter Metallfilter oder allgemein von porösen Sinterkörpern. Die in Betracht kommenden und untersuchten Verfahren sind im Kapitel 10.00 beschrieben worden.

Es wurde mit dem Buch jedoch nicht nur der Zweck verfolgt, eine umfassende Darstellung der Frage metallischer Filter zu geben, sondern gleichzeitig auch die Absicht damit verknüpft, einen historischen Überblick über zahlreiche und wichtige Anwendungsmöglichkeiten von porösen Sinterwerkstoffen zu geben, die nicht unmittelbar der Beseitigung von Verunreinigungen aus Flüssigkeiten oder Gasen dienen. Dieser Teil der Darstellung hat seinen Niederschlag in einem Teil des Kapitel 1.00 (1.20) und im Kapitel 12.00 gefunden. Es wurde dabei gleichzeitig auch Gelegenheit genommen, die zukünftige Entwicklung, die poröse Sinterwerkstoffe durchmachen werden, aufzuzeigen.

Soweit es sich um eigene Versuche der Verfasser handelt, sind sie während der Tätigkeit derselben im „Výzkumný ústav materiálů a technologii", Praha, (ČZTS) und im „Výzkumný ústav pro práškovou metalurgii", Vestec u Prahy, (MERD) in den Jahren 1950 bis 1954 entstanden. Die Verfasser möchten bei dieser Gelegenheit allen jenen soudruhy und Dienststellen danken, die die Durchführung der ziemlich breit angelegten Forschungsarbeit unterstützt und gefördert haben. Gleichzeitig danken wir auch s. Prof. Dr.-Ing. Jeníček für manche anregende Diskussion, welche uns nützlich gewesen ist. Die ausländische Literatur wurde, soweit sie uns zugänglich war, bis etwa Mitte 1954 verarbeitet.

Dr.-Ing. Curt Agte Ing. Karel Ocetek

Přípeř u Děčina a Vestec u Prahy,
koncem prosince 1954.

INHALTSVERZEICHNIS

1.00 Einleitung

In der ČSR ist seit einigen Jahren im „Výzkumný ústav pro práškovou metalurgii", VÚPM-Vestec u Prahy, eine Entwicklung auf dem Gebiet der pulvermetallurgisch hergestellten, gesinterten Metallfilter durchgeführt worden, die in mancher Beziehung, und zwar sowohl was Zusammensetzung als auch Verfahrenstechnik anbetrifft, von der des Auslandes mehr oder weniger stark abweicht. Es sind in der ČSR neue, teilweise bisher nicht begangene Wege beschritten worden, um zu gesinterten Metallfiltern hoher Leistungsfähigkeit, d. h. großer Durchlässigkeit gegenüber Flüssigkeiten und Gasen und guter Filterwirkung für technische Zwecke zu gelangen. Hierüber haben kürzlich C. AGTE und K. OCETEK in gedrängter Form bereits berichtet.[1] (Sbírka vynálezú, 3, 1954, S. 144 — Výroba kovových filtrú.)

Im folgenden soll nun versucht werden, die im VÚPM-Vestec u Prahy beschrittenen Wege und entwickelten Verfahren anhand des gewonnenen Versuchsmaterials zu beschreiben und die erzielten technischen Erfolge zu schildern. Dies erscheint auch deswegen zweckmäßig, weil die Entwicklung von porösen, pulvermetallurgisch hergestellten Werkstoffen im weiteren und von gesinterten Metallfiltern im engeren Sinne zur Zeit an vielen Stellen des Auslandes mit Nachdruck vorangetrieben wird. Es treten ständig neue Gesichtspunkte auf, welche die Zusammensetzung der Metallfilter und die Herstellung derselben betreffen, und es werden immer neue Anwendungsgebiete für diese Gegenstände gefunden. Da anzunehmen ist, daß die in der ČSR entwickelten Verfahren, welche teilweise von allgemeiner Bedeutung sind, im Zuge der Forschung des Auslandes auch dort in kürzerer oder späterer Zeit technisch bedeutsam werden können, rechtfertigt es sich, wenn in breiterer Weise über die bisher auf diesem Sondergebiet im VÚPM-Vestec u Prahy durchgeführten Untersuchungen in einer der Öffentlichkeit zugänglichen Form berichtet wird.

Hinzu kommt, daß bisher weder in der inländischen noch in der ausländischen Literatur eine zusammenfassende Darstellung des hier beschriebenen Gegenstandes vorliegt, obwohl zahlreiche Arbeiten, vor allem in englischer, aber auch in russischer und deutscher Sprache, von der Zeit ab herausgegeben worden sind, seit der man sich in systematischer Weise mit einer Forschung auf dem Gebiet der pulvermetallurgisch hergestellten Metallfilter befaßt, d. h. in den letzten 10 bis 15 Jahren. Wie aus der folgenden Darstellung im einzelnen hervorgehen wird, handelt es sich um ein besonders wichtiges Teilgebiet der Pulvermetallurgie, bei dem in Zukunft mit einer sehr breiten technischen Anwendung gerechnet werden muß.

Bei unseren Ausführungen werden wir uns im wesentlichen auf eine Beschreibung der Entwicklung von Metallfiltern, ihrer Herstellung, ihrer Eigenschaften und ihrer Anwendung, im engeren Sinne beschränken. Die Metallfilter stellen jedoch nur einen Teil der pulvermetallurgisch erzeugbaren porösen Werkstoffe dar. Es sind enge Parallelen zwischen ihnen und anderen metallischen porösen Gegenständen vorhanden, und zwar sowohl was die Herstellung als auch die Eigenschaften anbetrifft. Aus diesem Grunde wird es notwendig sein, wenigstens kurz auch auf poröse metallische Werkstoffe im weiteren Sinne einzugehen. Dabei werden wir aber das Anwendungsgebiet der porösen Lager außer acht lassen, da über diesen Gegenstand eine ausgedehnte Fachliteratur vorliegt und außerdem die porösen Lager in allen zusammenfassenden pulvermetallurgischen Standardwerken eine sehr breite Behandlung bereits gefunden haben, so z. B. durch BALSHIN[2], KIEFFER-HOTOP[3], SCHWARZKOPF[4], GOETZEL[5] und andere.

1.10 *Vergleich zwischen Metallfiltern und nicht pulvermetallurgisch hergestellten Filterwerkstoffen sowie ihre Anwendung in der Technik*

Bevor wir uns jedoch mit der in der ČSR, im besonderen durch VÚPM-Vestec u Prahy durchgeführten Entwicklung metallischer Filterwerkstoffe im einzelnen befassen, erscheint es angebracht und zweckmäßig, eine kurze Übersicht über solche Filterwerkstoffe zu geben, die nicht nach pulvermetallurgischen Gesichtspunkten hergestellt werden, die aber bezüglich ihrer Anwendung mit metallischen Filtern verglichen werden können und mit ihnen in Wettbewerb treten. Diese sind im Gegensatz zu den hier zu besprechenden pulvermetallurgisch hergestellten Filtern nichtmetallischer Art. Sie werden nur zum Teil nach keramischen Verfahren erzeugt, also nach Methoden, die eine gewisse Ähnlichkeit mit der pulvermetallurgischen Erzeugungstechnik aufweisen.

1.11 *Allgemeines*

Die vor der Entwicklung der Metallfilter ausschließlich benutzten nichtmetallischen Filterwerkstoffe können ganz verschiedenartig sein, je nach dem Verwendungszweck, dem sie dienen sollen und je nach den Forderungen, die an sie gestellt werden. Die Filtertechnik ist ein bedeutsamer Zweig der Verfahrenstechnik in vielen Industrien, die sich mit der Aufarbeitung und Reinigung von Flüssigkeiten und Gasen sowie ihrer Druckregelung usw. befassen. So wird z. B. die Filtertechnik in größtem Maßstab in der chemischen, pharmazeutischen und biologischen Industrie angewendet. Dabei werden teilweise ganz außerordentlich hohe Anforderungen an die Qualität der Filter hinsichtlich ihrer Durchlässigkeit und ihrer Filterwirkung gestellt. Auch in der Gesundheitswissenschaft, in der Hygiene, in der Wasserreinigung, bei der Staubbeseitigung und -bekämpfung, in der Brennstoffwirtschaft, in der Meßtechnik und an vielen anderen Stellen spielen Filter eine bedeutsame Rolle. Jeder Dampfkesselingenieur kennt die Bedeutung von reinem, nicht verunreinigtem Wasser für den Betrieb seiner Kessel. Die Vermeidung von Staubexplosionen ist ebenfalls eine interessante Frage, die auf das engste mit der Filtertechnik in Beziehung steht. Die analytische und präparative Chemie kommt in ihrer Laboratoriumstechnik ohne besonders wirksame Filter überhaupt nicht aus.

Diese wenigen Beispiele erschöpfen indessen das Anwendungsgebiet von Filtern keineswegs. Sie ließen sich beliebig vermehren. Es mögen aber zunächst diese kurzen Hinweise genügen, zumal eine umfangreiche Fachliteratur auf diesem Sondergebiet besteht, welche sich mit Filterfragen, ihrer Herstellung, ihren Eigenschaften und ihrer Verwendung beschäftigt.

In unserem Zusammenhang interessieren jedoch nur solche nichtmetallischen Filterwerkstoffe, deren Ersatz durch pulvermetallurgisch erzeugte Metallfilter höherer Wirksamkeit und größerer Leistungsfähigkeit möglich erscheint. Aus diesem Grunde sehen wir davon ab, etwa pulverförmige, geschüttete Filtermassen, als deren typische Vertreter Sand, Kies usw. anzusehen sind, und ähnliches in die Diskussion einzubeziehen. Wir behandeln vielmehr ausschließlich Filtergegenstände, die in der Lage sind, feste Verunreinigungen aus Flüssigkeiten oder Gasen zu entfernen, deren mittlerer Korndurchmesser zwischen 100 μ maximal und etwa 0,3 μ minimal liegt. Es ist dies etwa das Gebiet, in welchem pulvermetallurgisch hergestellte Metallfilter meist ihre praktische Verwendung gefunden haben. Für gröbere Verunreinigungen, die in ihrer mittleren Korngröße über maximal 50 bis 100 μ hinausgehen, kommen pulvermetallurgisch hergestellte Metallfilter weniger in Frage, da mit den Mitteln dieser Verfahrenstechnik im wesentlichen nur maximale Poren dieser Größe bei genügender Festigkeit des Sinterkörpers erzeugt werden können.

Die Benutzung von porösen metallischen Filtern, die im übrigen überhaupt nur nach pulvermetallurgischen Verfahren hergestellt werden können, gegenüber anderen nichtmetallischen Filterwerkstoffen, kommt in dem angegebenen Porengebiet meist nur dann in Frage, wenn diese Filter besondere wirtschaftliche und technische Vorteile gegenüber anderen bisher gebräuchlichen Filterwerkstoffen zu bieten vermögen. Die Metallfilter zeichnen sich dabei vor allem durch folgende bemerkenswerte Vorteile aus:

a) Höhere Festigkeit im Vergleich zu nichtmetallischen, z. B. keramischen oder „organischen" Filtern, im besonderen gegen mechanische Beanspruchung, wie Zug, Druck, Scherung, Biegung usw., aber auch gegen thermische Einwirkungen (höhere Temperaturwechselbeständigkeit).

b) Relativ gute, einfache und wirtschaftliche Herstellungsmöglichkeit, besonders für feinporige Filter definierter und gleichmäßiger Porengröße.

c) Überraschend gute Reproduzierbarkeit der Filtereigenschaften, wie Durchlässigkeit und Filterwirkung, welch letztere durch die mittlere Porengröße bestimmt wird.

d) Ziemlich gute Möglichkeit der Regeneration der Filter bei Verstopfung, Verblindung usw. mit einfachen Methoden.

Es ist anzunehmen, daß diese hervorragenden und andere später noch zu besprechende Eigenschaften von pulvermetallurgisch hergestellten Metallfiltern ihnen in Zukunft gegenüber den bisherigen „organischen" Gewebe- und keramischen Filterwerkstoffen eine breitere Anwendung verschaffen werden, zumal sich die Erzeugungs- und Anwendungstechnik der pulvermetallurgisch hergestellten Filterwerkstoffe erst in den Anfängen befindet. Ihr wesentlichster Nachteil dürfte zur Zeit darin bestehen, daß — meist aus preßtechnischen Gründen — eine Beschränkung auf relativ einfache Formen, wie Platten, Rohre und dgl., nicht zu großer Abmessungen notwendig ist. Jedoch werden im Auslande (vgl. BALSHIN[2]) heute bereits Filtergegenstände größerer Abmessungen hergestellt, so z. B. Platten von mehr als 1 m^2 Fläche und Rohre bis zu 300 mm Innendurchmesser.

Im wesentlichen treten Metallfilter in dem oben angegebenen Porengebiet zur Zeit in Wettbewerb mit folgenden nichtmetallischen Filterwerkstoffen:

a) „Organische“ Filter aus Cellulose, Leinwand und anderen Geweben sowie Hartpapier usw. Diese eignen sich jedoch weniger für die technische Abfiltrierung feinkörniger Verunreinigungen unter 10 bis 20 μ Korngröße.

b) Keramische Filter, im besonderen aus Steinzeug, Steingut, Porzellan, Glas usw., wobei im besonderen die letzteren (poröses Glas oder Schaumglas) in der letzten Zeit eine bedeutsame Entwicklung durchgemacht haben, wie die neueren Arbeiten von Zeiß, Jena oder vom Glastechnischen Institut der DDR in Ilmenau-Thüringen, meist erschienen in der Zeitschrift „Silicattechnik“ in den Jahren 1953 und 1954, beweisen (vgl. z. B. E. O. Schulz, Silicattechnik 5, 1954, S. 343[6]).

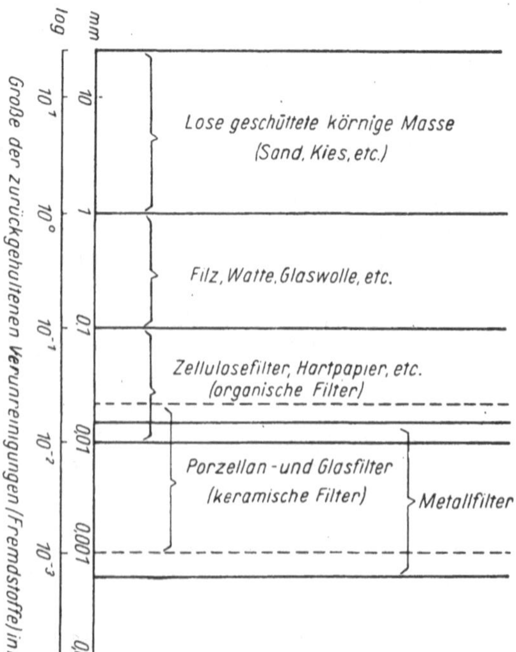

Abb. 1. Ungefähres Anwendungsgebiet von Filterwerkstoffen

In Abb. 1 ist das Anwendungsgebiet der verschiedenen Filterwerkstoffe in Abhängigkeit von dem mittleren Korndurchmesser der durch das Filtern zurückgehaltenen Verunreinigungen bzw. von dem log derselben schematisch dargestellt. Die in der Abbildung wiedergegebenen Grenzen der Anwendungsgebiete der verschiedenen Filterwerkstoffe sind nur ungefähr und nicht als exakt anzusehen. Die Anwendungsgebiete überdecken sich ziemlich weitgehend, wie am Beispiel der „organischen“, der keramischen und der gesinterten Metallfilter angedeutet ist. Die relativ ungleichmäßige Porengröße innerhalb eines Filters läßt — je nach Zufall — innerhalb gewisser Grenzen größere und kleinere Verunreinigungen hindurch, so daß schon aus diesem Grunde die in Abb. 1 dargestellten Anwendungsbereiche nur ganz roh sein können.

1.12 *Organische Filterwerkstoffe*

Wie schon erwähnt wurde, eignen sich „organische“ Filterwerkstoffe aus Cellulose oder anderen organischen Geweben sowie Hartpapier und dgl. meist technisch nicht für die Beseitigung von *feineren* festen oder staubförmigen Verunreinigungen. Man geht wohl nicht fehl in der Annahme, daß diese Filter nicht in der Lage sind, Fremdstoffe aus einer Flüssigkeit oder einem Gas zu beseitigen, deren mittlere Korngröße wesentlich unter 15 bis 20 μ liegt. Der Hauptgrund hierfür ist darin zu erblicken, daß die einzelnen Gewebeteilchen im Gegensatz zu den Metallkörnern bei Metallfiltern nicht starr in ihrer Lage fixiert sind, worauf u. a. J. YU. BALSHIN[2] hingewiesen hat.

Das Gewebe der Filter kann relativ leicht beschädigt werden, so z. B. durch Löcher, Risse usw., wodurch die Filter sofort unbrauchbar werden, da ihre Stärke meist verhältnismäßig gering ist. Bei Gewebe- und Papierfiltern kann es relativ leicht zu einer Verunreinigung des flüssigen oder gasförmigen Filtrats durch abgerissene Teilchen des Filtermaterials kommen. „Organische" Filter besitzen allerdings gegenüber den keramischen und zum Teil auch gegenüber den metallischen Filtern, bei geeigneter Wahl des Filterwerkstoffes, den Vorteil einer manchmal recht bedeutenden Dehnbarkeit.

„Organische" Filter lassen sich in vielen Fällen technisch vorteilhaft als Vorfilter verwenden, und zwar dann, wenn aus dem zu filtrierenden Medium zunächst gröbere Verunreinigungen entfernt und wenn erst in einem zweiten Filtrierungsprozeß die feineren Verunreinigungen beseitigt werden sollen[7] (vgl. B. Mimra, Strojírenství 10, 1953, S. 722). Infolge ihrer meist sehr geringen Stärke und ihrer im Vergleich zu Metallfiltern häufig größeren Porengröße ist ihre Durchlässigkeit gegenüber dem zu filtrierenden Medium gut. Wesentliche Druckverluste beim Filtrieren sind nicht zu erwarten. Die Art des Werkstoffes gestattet im allgemeinen nicht die Herstellung stabilerer Gegenstände, wie Platten, Rohre und dgl. Werden die Poren des Filters „versetzt", also treten die Verunreinigungen in den Filterkörper ein, dann ist zum mindesten bei gewissen Cellulosefiltern die Entfernung der Verunreinigungen aus dem Filter, also ihre Regeneration, schwierig.

Es erscheint notwendig, bereits an dieser Stelle auf folgende, nicht nur für „organische" Gewebefilter, sondern allgemein für Filter geltende Erscheinungen aufmerksam zu machen. Eine „Versetzung eines Filters" durch die abzufiltrierenden Verunreinigungen, also eine Verblindung der Poren, kann nur dann erfolgen, wenn der Fremdstoff von der Filteroberfläche her in das Innere des Filters eintreten kann. Dies ist aber nur möglich, wenn das Korn des Fremdstoffes kleiner ist als die Öffnung der Poren. Ist der Fremdstoff kleiner als der geringste Querschnitt der Poren, dann wird er durch den Druck der Flüssigkeit oder des Gases durch das Filter hindurchgedrückt, also nicht beseitigt. Wenn er dagegen nicht in das Filter aus den dargelegten Gründen eintreten kann, dann wird er bereits an der Filteroberfläche bei entsprechender Lage derselben gegenüber der auf das Filter ausgeübten Druckrichtung zurückgehalten. Es kann sich im Laufe der Zeit eine aus den pulverförmigen Fremdstoffen bestehende Schicht bilden, die ihrerseits als eine Art „Vorfilter" wirkt. Diese Schicht ist durchaus in der Lage, gröbere Verunreinigungen infolge ihrer eigenen Filterwirkung zurückzuhalten.

Bei der Filtrierung kommt es auch wesentlich darauf an, welche Gestalt die Körner der zu beseitigenden Verunreinigungen besitzen. Ist die Kornform so, daß die Länge des Korns im Verhältnis zur Breite oder Dicke sehr groß ist, wobei sich z. B. bei platten- oder tellerförmigen Körnern durchaus ein Verhältnis von 50 : 1 und mehr ergeben kann[8], dann kommt es wesentlich darauf an, in welcher Weise das Korn in die Pore eintritt und wie der Verlauf der Pore im einzelnen ist (geschwungen, eckig, usw.). Es liegen hier ähnliche Verhältnisse wie bei einem Sieb vor, welches gleichfalls als eine Art Filter angesehen werden kann. Maßgebend ist also für die Filtrierung häufig die größte lineare Abmessung des

Korns und nicht ihre mittlere. Nur bei Körnern von annähernd kugelförmiger Gestalt wird der mittlere Durchmesser des Korns mit der Porengröße in direkter Beziehung stehen.

1.13 „*Keramische*“ *Filter*

Von den üblichen Filterwerkstoffen haben die größte Ähnlichkeit mit gesinterten Metallfiltern vor allem die keramischen Filter. Diese Ähnlichkeit erstreckt sich zunächst auf gewisse enge Parallelen im Herstellungsverfahren, wobei in beiden Fällen pulverförmige Ausgangsstoffe benutzt werden, die bei den keramischen Filtern seltener, bei den Metallfiltern häufiger einer Druckeinwirkung — Pressen — ausgesetzt werden. Bei beiden Filtersorten findet im Verlauf ihrer Herstellung eine für die Eigenschaften des Werkstoffes entscheidende Temperaturbehandlung statt. Es nimmt daher kein Wunder, daß die keramischen Filterwerkstoffe von allen anderen den Metallfiltern auch in bezug auf die Filterwirkung am nächsten kommen. Vor allem in bezug auf die bei ihrer Erzeugung erzielbare Porengröße, durch die der „Filtergrad“ des Filters bestimmt wird, nämlich die Größe der durch das Filter zu beseitigenden Verunreinigungen. Die Lagerung der einzelnen Körner ist bei den keramischen und bei den Glasfiltern ebenso wie bei den metallischen Filtern im Gegensatz zu den „organischen“ starr fixiert.

Der Hauptnachteil der keramischen Filter, zu denen auch poröses Glas gehört, ist zweifellos ihre hohe Sprödigkeit und dementsprechend eine geringe Festigkeit dieser Werkstoffe, die ihre Anwendung technisch in vielen Fällen ausschließt oder nicht ratsam erscheinen läßt. Keramische Filter zeigen neben ihrer geringen mechanischen Festigkeit auch eine geringe Widerstandsfähigkeit gegenüber wechselnden thermischen Beanspruchungen, was sich beim Filtrieren heißer Flüssigkeiten oder Dämpfe unliebsam bemerkbar machen kann. Keramische und Glasfilter zeigen überhaupt keine Dehnbarkeit, während metallische Sinterfilter wenigstens eine gewisse Dehnung aufweisen können, so z. B. hochporöse Filter aus Bronze eine solche von 3 bis 5 Prozent.

In Tabelle 1 ist nach Angaben von G. F. HÜTTIG[9], Gewichts- und Elektroanalyse, Teil I, Prag 1940, S. 150, die wirksame mittlere Porengröße einiger

TABELLE 1

Mittlere Porengröße von handelsüblichen keramischen (Glas-) Filtern

Handelsübliche Bezeichnung des keramischen Filters	Mittlere Porengröße (Durchmesser) μ	Bemerkungen
00	200—500	Glasfilter
0	150—200	
1	90—150	
2	40—90	
3	15—40	
4	5—15	
5	1—1,5	
A 2	0,75	besonders feinkörnige Hartporzellanfilter
A 1	0,60	

handelsüblicher keramischer, insbesondere von Glasfiltern, angegeben. Wie man sieht, lassen sich keramische Filter herstellen, die in der Lage sind, Verunreinigungen von 500 bis 0,6 μ aus dem zu filtrierenden Medium zurückzuhalten. Die Zahlenwerte über die mittlere Porengröße sind den Angaben der Lieferfirmen entnommen.

Zur Herstellung der in Tabelle 1 angegebenen keramischen Filter wird Glas, Quarz oder Hartporzellan fein zermahlen, durch Absieben in geeignete Kornfraktionen zerlegt und nach Herstellung des Filterkörpers einem Sinterprozeß (Wärmebehandlung, Brennen) unterworfen.

1.20 *Geschichtliche Entwicklung von metallischen Filterwerkstoffen und ihrer Anwendung*

Der Gedanke, metallische Filterkörper zu verwenden, die nach pulvermetallurgischem Verfahren durch Sintern geschütteter oder gepreßter Metallpulver hergestellt werden, liegt an sich sehr nahe, da auf diesem Wege leicht mehr oder weniger poröse Sinterprodukte erhalten werden können. Bereits in den Anfangsjahren der modernen Pulvermetallurgie, und zwar schon 1909, wurde erstmalig durch ein englisches Patent[10] auf die Möglichkeit hingewiesen, poröse Metallgegenstände, wie Lager, aber auch metallische Filter auf diese Weise in einem technischen Maßstab herzustellen. Die praktische Verwertung und Durchführung dieses Gedankens erfolgte jedoch erst wesentlich später, und zwar zunächst für poröse Lager und kurz danach auch für Filterzwecke.

Etwa 1938 stellten L. Schlecht und G. Tragesser[11], Chem. Fabrik 12, 1939, S. 243, erstmalig gesinterte Metallfilter für die Reinigung von konzentrierten alkalischen Lösungen her, wobei sie als Ausgangspulver Nickelcarbonylpulver verwendeten, welches — wie wir noch sehen werden — wegen der fast idealen Kugelgestalt seines Korns zur Erzeugung von Filtern mit sehr feinen, durchgehenden Poren geeignet ist. Im zweiten Weltkrieg erhielt dann die Frage der Herstellung metallischer Filterkörper im engeren und von porösen Metallprodukten im weiteren Sinne einen starken Auftrieb, wobei vorzugsweise an den Einsatz dieser Gegenstände für militärische Zwecke gedacht wurde. Die General Motors in den USA erzeugten von 1940 ab durch die Moraine Products Division poröse Metallfilter unter der Bezeichnung „Porex" (anonym[12, 13], Steel 1, 1941, S. 96 und Machinery N. Y. 48, 1942, S. 155), wobei diese Filter nicht nur zur Entfernung von Verunreinigungen aus Flüssigkeiten, sondern auch bereits zur Einstellung von Fließgeschwindigkeiten und zur Druckregelung benutzt wurden.

Kleine konische Metallfilter vor den Einspritzdüsen von Dieselmotoren sowie gesinterte poröse Eisenfilter für die Egalisierung von Flammen wurden erstmalig 1942 verwendet[14] (H. W. Perry, Aircraft Engineering 15, 1943, S. 305). J. M. Lennox[15, 16] (Ind. Chem. 20, 1944, S. 600 und 615) beschrieb die Verwendung von porösen Metallfiltern in der chemischen Industrie. In der Arbeit von Lennox werden eine Reihe von Prüfmethoden zur Bestimmung der Durchlässigkeit von metallischen Filtern angegeben. Eine sehr eingehende Arbeit aus dieser Zeit stammt von E. W. Reinsch[17] (Products Engineering 15, 1944, S. 769). Die Verfahrenstechnik der Herstellung von porösen Filtergegenständen mit kontrollierbarer Porosität und Porengröße wird dabei eingehend beschrieben.

Nach dem zweiten Weltkrieg erfolgten Zeitungsveröffentlichungen, welche die Verwendung von Metallfiltern speziell für militärische Zwecke zum Gegenstand hatten. So wird über die Verwendung von Quecksilber durchlässigen Nickelfiltern für Schalt- und Zündzwecke sowie von Filterwerkstoffen zur Enteisung der Tragflächen von Flugzeugen berichtet[18,19] (vgl. W. KAEMPFERT, New York Times vom 24. 11. 1945 und J. Commerce, New York Times vom 28. 11. 1945). Mit diesen Fragen (Hg-durchlässige Nickelfilter und Enteisungsfiltermaterialien) beschäftigte sich auch eine weitere (anonyme) Veröffentlichung[20] (Steel 1, 1946, S. 84 und 132). Bezüglich der Verwendung von Hg-durchlässigen, tassenförmigen, porösen Nickelkörpern für absolut sichere Schalter in der Rardartechnik, die während des zweiten Weltkrieges in den USA zu vielen Millionen Stück hergestellt wurden, vgl. auch die eingehenden Ausführungen von P. SCHWARTZKOPF[4] in seinem Buch, Powder Metallurgy, Verlag Macmillan, New York, 1947, S. 167. Die Frage der Enteisung von Tragflächen von Flugzeugen, im besonderen der Ränder der Flächen, wurde eingehend in einem ausführlichen Aufsatz[21] „Aircraft De-Icing", Symposium on Powder Metallurgy, The Iron and Steel Institute, Spec. Rep. 38, London 1947, S. 110, behandelt. Die im Kriege entwickelte Methode, bei der in England gesinterte, hochporöse Cu-Ni-Sn-Streifen, in Deutschland Kupferrohre eines Porositätsgrades von etwa 70%, welche mit Ammonchlorid imprägniert waren[22] — vgl. C. J. LEADBEATER, Symposium on Powder Metallurgy, Spec. Rep. 38, The Iron and Steel Instituts, 1947, S. 191 —, verwendet wurden, wird auch heute noch nicht nur in der Militär-, sondern auch in der Zivil- und Verkehrsluftfahrt in fast allen Ländern benutzt.[2]

D. B. PALL[23,24], Instruments Maker 15, 1947, S. 26 und Powder Metall Bul. 2., 1947, S. 141, behandelte die Verwendung von nichtrostenden Stählen für Filterzwecke, desgleichen auch in einer sehr eingehenden Arbeit H. SEYMOUR[25], Mining Mag 77, 1947, S. 206, der außerdem auf die Verwendung von Filtern aus kugeligen Bronzepulvern einging. Eine weitere eingehende Arbeit über hochporöse Metallfilter aus kugelförmigen Bronzepulvern stammt von C. E. SINCLAIR[26,27], Symposium on Powder Metallurgy, The Iron and Steel Institute, Spec. Rep. 38, 1947, London, S. 105 und Powder Metall Bull. 11, 1947, S. 172. Handelsübliche Bronzefilter mit 8 bis 11% Sn sowie ihre Eigenschaften beschreibt auch T. C. DU MOND[28], Materials and Methods 23, 1946, S. 123. Die in den letztgenannten Arbeiten gemachten Angaben bilden die Grundlage der Erzeugung von Bronzefiltern, Markenbezeichnung „Porosint", durch die Oilite Ltd. Co., durch die Oilite Amplex Division und durch die Sintered Products Corp. Das Prospektmaterial dieser Firmen aus den Jahren 1949 und 1950[29,30,31] sowie aus den folgenden Jahren enthält wertvolle Angaben über die Durchlässigkeit von Bronzefiltern verschiedener Porengröße gegenüber Wasser, Naphtha und anderen Flüssigkeiten.

P. GROOTENHUIS[32], Engineering 176, 1949, S. 291, beschäftigte sich mit der Frage des Fließens von Gasen durch metallische Filter. Es wurden Messungen des Druckverlustes beim Durchströmen von Flüssigkeiten und Gasen durch Bronzefilter durchgeführt und der Einfluß der Stärke des Filters hierauf ermittelt. Mit der Herstellung kugelförmiger Pulverteilchen, im besonderen aus Bronze mit 89 bis 92% Cu und 8 bis 11% Sn, durch Zerstäubung („Atomisierung") befaßten sich u. a. J. W. LENNOX und G. BREWER[33], Ind. Chemist 25, 1949, S. 288 und E. W. REINSCH[17]. Auf diese und andere Arbeiten wird später bei der Beschreibung unserer eigenen Versuche noch zurückzukommen sein.

Durch Verdampfung hergestellte metallische Filterfolien untersuchten im besonderen J. CLARK und R. H. ESSLING[34], Rev. Sci. Instruments 13, 1942, S. 383, wobei vor allem Antimon verwendet wurde. Die Filtrierung von Flüssigkeiten durch poröse Teile, in Abhängigkeit von der Porengröße des Filters, behandelt P. J. RIDGEN[35], Nature 157, 1946, S. 268. Es wurden Filter mit Poren unter 1 μ ∅ untersucht.

In den letzten Jahren hat im verstärkten Maße die Verwendung von nichtrostenden Stählen anstelle von Bronze als Filterwerkstoff Aufmerksamkeit erregt[36,37,38] (vgl. u. a. anonym, Machinist 52, 1952, S. 1095, anonym, Mach. Lloyd 25, 1953, S. 57 und P. TRIPPE, Machinist 97, 1953, S. 1767 und 2134). Dabei wurde weitgehend unter Verwendung von verdampfbaren Zusatzstoffen zwecks Offenhaltung der Poren bei der Sinterung gearbeitet. Die Untersuchungen erstreckten sich dabei vor allem auf nichtrostende Stähle der Zusammensetzung 18% Cr, 8% Ni sowie 18% Cr, 12% Ni. Jedoch wurden auch Mo-Ni-Stähle und eine Legierung mit 20% Cr, 18% Ni, 4% Cu, 3% Mo näher untersucht. Die Entstehung einer inneren Korrosion an den Filtern aus nichtrostenden Stählen wurde dadurch vermieden, daß der Kohlenstoffgehalt der Stähle auf weniger als 0,05% eingestellt wurde.[39] Die Pulver wurden durch Zerstäubung von geschmolzenen Spänen aus nichtrostenden Stählen gewonnen. Die Zerlegung in verschiedene Kornfraktionen zwecks Herstellung von Filtern verschiedenen Porengrades erfolgte entweder durch Absiebung — gröbere Pulver — oder durch Windsichtung — feinere Pulver. Zur Erzeugung von Filtern kleinerer Stärke wurde teilweise das Verfahren der direkten Verwalzung der Metallpulver zu Blechen bzw. Bändern benutzt (vgl. Kap. 6.30). Eingehende Untersuchungen wurden auch über die Verbindung poröser Filter mit dem Haltematerial oder von Filterkörpern untereinander durchgeführt, so z. B. von H. SEYMOUR[25], wobei meist der Weg der Widerstandsschweißung beschritten wurde. Die Herstellung der Verbindungen durch niedrig schmelzende Lote ist an sich möglich, aber weniger geeignet, da das schmelzende Lot leicht in die Poren des Filters eindringen und diese verstopfen kann.

Genaue Angaben über die Korrosionsfestigkeit von Filtern verschiedenen Porositätsgrades aus nichtrostendem Stahl machte vor allem J. D. DALE[40], Proc. Third Annual Spring Meeting of Metal Powder Association, New York, 27, 1947, S. 4, und zwar anhand von Erzeugnissen der Micro Metallic Corp., Brooklyn, N. Y. Eine historische Übersicht über die Entwicklung von pulvermetallurgisch hergestellten Metallfiltern für die verschiedensten Verwendungszwecke findet sich (anonym) in einer weiteren Veröffentlichung[41] (Materials and Methods 25, 1947, S. 94).

Die Verfahren zum Pressen und Sintern von metallischen Pulvern mit Zusatz von verdampf- oder zersetzbaren Füllstoffen, wie Ammoncarbonat oder Ammonbicarbonat, zur Erzielung hochporöser Stücke und zwecks Offenhaltung der Poren während der Sinterung, finden ihren Niederschlag vor allem in der Patentliteratur. Das gleiche ist bei denjenigen Verfahren der Fall, bei denen der Zusatz des Füllstoffes in Form von wasserlöslichen Metallverbindungen (Salzen) erfolgt, deren Anion bei einer nachfolgenden Wärmebehandlung oder beim Sintern durch Zersetzung frei wird und verdampft[42] (vgl. čsl. pat. přihl., C. AGTE und G. VIKTORIN, P 688-51). In der Patentliteratur werden ferner eine Reihe von metallischen Stoffen oder deren Verbindungen, soweit sie metallischen Charakter und ihre Verwendung für Filterzwecke unter Schutz gestellt haben, so z. B. von Schwermetallcarbiden, wie WC, TiC usw. oder deren Mischungen oder festen Lösungen, da sie fast unlöslich in Säuren sind[43] (vgl. čsl. pat. přihl. P 5382, 50 — C. AGTE und M. PETRDLÍK).

Weitere Angaben über Entwicklung und Verwendung von pulvermetallurgisch hergestellten metallischen Filtern finden sich u. a. bei C. G. GOETZEL[5], Treatise on Powder Metallurgy, Bd. II, New York, 1950, S. 530 und folgende sowie vor allem bei J. YU. BALSHIN[2], Pulvermetallurgie, VEB W. Knapp, Halle a. d. Saale, 1954, deutsche Übersetzung. Berichtet wird u. a. über die Verwendung von porösen Metallfiltern in Trockenvorrichtungen für Kühlanlagen, wobei die Feuchtigkeit der Luft durch Silikagel entfernt wird, welches zwischen zwei metallischen Filtern gelagert ist, die der gleichmäßigen Verteilung des Luftstromes dienen. Metallfilter dienen ferner zur Reinigung von Luft, von Staub und zur Regelung des Druckes und des Luftstroms, z. B. in Farbzerstäubungsanlagen. Ebenfalls von BALSHIN[2] wird eine Filter- und Zentrifugenanlage zur Reinigung von Luft, wie sie in explosionssicheren Motoren verwendet wird, beschrieben. Auch die Verwendung von feinporigen Metallfiltern für katalytische Zwecke ist eine wichtige Frage.

Das größte Anwendungsgebiet haben metallische Filter bisher jedoch in der Praxis zum Filtrieren von Treibstoffen und Schmierölen erfahren, und zwar sowohl in Diesel- als auch in Benzinmotoren, wobei nicht nur Standardmotoren, sondern auch Schiffs-, Kraftfahrzeug- und Flugzeugmotoren in Betracht kommen. Die Filter sichern dabei ein absolut gleichmäßiges Arbeiten der Motoren, was — nach Angaben von BALSHIN — besonders bei Bombenflugzeugen wichtig ist. Die modernen Bomber fast aller Staaten sind mit solchen Filtern ausgerüstet. Auch die modernen Panzerwagen sind ebenfalls mit pulvermetallurgisch hergestellten Metallfiltern zur Reinigung des Treib- und Schmierstoffes versehen. Auch das Schmiermittel größerer Bearbeitungsmaschinen wird durch Einbau von Metallfiltern mitunter gereinigt[44] (vgl. D. H. VAN VLECK, Products Engineering 5, 1949, S. 112).

In der Literatur werden ferner u. a. Sinterfilter zur Entstaubung von Luft in Klimaanlagen, Druckluftkammern usw. sowie zur Trennung von Gemischen verschiedener Flüssigkeiten beschrieben, wobei die verschiedene Durchlässigkeit der Filter für Stoffe unterschiedlichen Viskositätsgrades wirksam wird[45,46] (vgl. C. HARDY, Symposium on Powder Metallurgy, The Iron and Steel Institute, Spec. Rep. 38, London 1947, sowie Symposium on Powder Metallurgy, ASTM, Philadelphia 1943, S. 1).

Metallfilter dienen weiterhin zur Stoßdämpfung beim Einlassen von komprimierten Gasen. Elektroden für Sekundärelemente und Akkumulatoren, Sinterdochte usw. bestehen gleichfalls, wie aus Literaturangaben hervorgeht, aus porösen metallischen Filterwerkstoffen[47,48] (vgl. DRP 708.895, A. FLEISCHER, J. Elektrochem. Soc. 94, 1948, S. 289). Mit der Verwendung von gesinterten porösen Kupferschirmen als Ersatz für Drahtschirme beschäftigt sich eine anonyme Veröffentlichung[49] (Wire Industrie 13, 1946, S. 561).

Eine sehr aussichtsreiche Anwendung poröser, gesinterter Metallkörper dürfte die sogenannte „Schwitzkühlung“ darstellen. Diese beruht darauf, daß auf Wärme beanspruchte Maschinenteile dadurch gekühlt werden, daß durch sie ein flüssiges Kühlmittel hindurchgepreßt wird, welches an der Oberfläche verdampft.

P. DUWEZ und H. E. MARTENS[50], Trans. Amer. Inst. Mining Met. Engrs. 175, 1948, S. 848, benutzten hierfür eine Legierung mit 65% Ni, 30% Mo und 5% Fe sowie nichtrostenden Stahl 18/8. F. MEYER-HARTWIG[51], Air Documents USA, 2138 — Sept. 1948, weist darauf hin, daß bereits 1940 die „Schwitzkühlung" in Deutschland angewendet wurde. In einer weiteren Arbeit nehmen E. A. RICHARDSON und G. A. RICHARDSON[52], J. Metals 1, 1949, S. 13 zur Frage der Schwitzkühlung Stellung. Eine Analyse des Vorganges von der wärmetechnischen Seite wird durch S. WEINBAUM und H. L. WHEELER[35], J. Applied Physics 20, 1949, S. 113, gegeben.

Auf diese und andere Anwendungsgebiete metallischer Filter wird in einem gesonderten Abschnitt dieser Broschüre (Kap. 12.00) näher eingegangen werden. Die hier gebrachte, unvollkommene Aufzählung sollte in erster Linie dazu dienen, die bisherige Entwicklung der pulvermetallurgisch erzeugten Metallfilter kurz aufzuzeigen.

Wie wir gesehen haben, ist also die Anwendung, welche poröse, auf pulvermetallurgischem Wege hergestellte, metallische Sinterkörper in der Technik bisher gefunden haben, eine äußerst große und mannigfaltige. Mit einer weiteren Ausdehnung dieser Anwendung ist zu rechnen. So äußert sich BALSHIN[2] bereits 1948 u. a. wie folgt: „Die Erschließung neuer Verwendungsgebiete für poröse Metalle in der Automatisierung und in anderen Bereichen steht zu erwarten. Im besonderen wird der Gebrauch poröser Filter in der Maschinen- und in der chemischen Industrie bereits in naher Zukunft eine starke Zunahme erfahren." (Auf Seite 251 seines Buches.)

Durch die Entwicklung von metallischen Filtern ist eine ähnlich rasche Steigerung der Erzeugung zu erwarten, wie sie bereits früher andere poröse Werkstoffe, vor allem die porösen Sinterlager, erfahren haben. Bereits 1947 waren allein in den USA mehr als eine Milliarde solcher Sinterlager in Benutzung. Die Erzeugung poröser Sinterkörper allein für Lager macht daher einen sehr bedeutenden Anteil an der gesamten pulvermetallurgischen Erzeugung aus.

Die Entwicklungsmöglichkeiten, welche die den porösen Lagern artverwandten Metallfilter bieten, sind wahrscheinlich noch wesentlich größer. Dabei handelt es sich keineswegs ausschließlich um Vorgänge, die der Reinigung von Flüssigkeiten oder Gasen durch Abfiltrierung fester Verunreinigungen dienen, sondern, wie wir gesehen haben, durchaus auch um Vorgänge, die sich direkt oder indirekt aus der Porosität und Durchlässigkeit eines Sinterkörpers ergeben.

2.00 Die Grundeigenschaften von Metallfiltern

Die wichtigsten Eigenschaften, die vom filtertechnischen Standpunkt aus an Filterkörper im allgemeinen und an Metallfilter im besonderen gestellt werden müssen, sind

a) die äußere durchgehende Porosität, deren Definition wir später geben werden,

b) die Durchlässigkeit und

c) die wirksame Porengröße.

Die durchgehende äußere Porosität ist maßgebend für die Menge der durch das Filter durchgelassenen Flüssigkeit oder des Gases und damit für die Filtriergeschwindigkeit. Die wirksame Porengröße ist maßgebend für die Größe der durch das Filter zurückgehaltenen Verunreinigungen. Es ist daher notwendig, sich zunächst mit diesen drei wichtigen Grundeigenschaften von Filterkörpern zu beschäftigen.

2.10 *Porosität*

Die pulvermetallurgische Verfahrenstechnik ist ein hervorragendes Mittel, um mehr oder weniger poröse metallische Gegenstände herzustellen, wie z. B. aus der Technik der porösen Lager hinreichend bekannt ist. Es gibt eine große Zahl von Variablen bei der pulvermetallurgischen Erzeugung, durch welche die Porosität in weiten Grenzen beeinflußt werden kann. Zu den wirksamsten Mitteln gehören

a) die Art des Metallpulvers, welches bei der Herstellung der porösen Sinterkörper benutzt wird und seine Eigenschaften, im besonderen seine Duktilität;

b) Größe, Verteilung und Gestalt des Korns des verwendeten Pulvers (Metalles oder Metallegierung);

c) gegebenenfalls die Vorbehandlung der Metallpulver vor ihrer Verarbeitung;

d) Anwendung eines Preßdruckes oder Vermeidung desselben. Im letzteren Fall handelt es sich um die Verarbeitung lose geschütteter oder gerüttelter Pulver, ein Verfahren, welches vor allem bei der Herstellung von Filterkörpern hoher Durchlässigkeit in Betracht kommt;

e) Größe des Preßdruckes, der beim Zusammenpressen der Pulver aufgewendet wird;

f) Höhe der Temperatureinwirkung, d. h. der Sintertemperatur;

g) Dauer der Temperatureinwirkung (Sinterdauer).

Die einzelnen Variablen haben dabei den in Tabelle 2 angegebenen prinzipiellen Einfluß auf die Gesamtporosität bzw. auf die Raumerfüllung (relative Dichte) eines Sinterkörpers. Auf die spezifische und quantitative Wirkung der verschiedenen Eigenschaften des Ausgangspulvers und der Herstellungsbedingungen bei der Erzeugung von metallischen Filtern wird im Kapitel 9.00 näher eingegangen werden. Hier genügt zunächst die Feststellung, daß man in der Lage ist, aus fast jedem Metall oder jeder Metallegierung ganz verschieden dichte Sinterkörper mit mehr oder weniger großer Porosität herzustellen. Selbstverständlich sind dabei der Verfahrenstechnik im praktischen Sinne gewisse Grenzen gesetzt. Die Körper müssen beim Pressen und Sintern einen genügenden Zusammenhalt haben. Es muß eine ausreichende Kanten- und Formbeständigkeit vorhanden sein. Der gesinterte Gegenstand muß ferner bei seiner Verwendung eine genügende mechanische Festigkeit gegen Zug, Druck, Biegung und Scherung aufweisen. Der Einfluß der in Tabelle 2 genannten Variablen ist in Abb. 2 schematisch für ein sprödes und ein zähes Metallpulver angedeutet.

Die hier genannten Einflüsse bilden bereits den wesentlichsten Teil der praktischen Grundlagen für die Herstellung von porösen Körpern und zeigen die technischen Wege an, die bei ihrer Erzeugung beschritten werden müssen.

Die Porosität ist für die Wirksamkeit eines Filters aber nur insofern von Bedeutung, wenn es sich um die „äußere", d. h. von außen zugängliche Porosität handelt und hier wiederum nur derjenige Teil, der auf durchgehenden Poren beruht.

TABELLE 2

Einfluß der Herstellungsbedingungen auf die Porosität von Sinterkörpern

Dichtesteigernd wirken u. a.: (geringe Porosität)	Die Porosität wird gesteigert u. a. durch: (niedrige Dichte)
kleine Korngröße des Metallpulvers	grobes Korn des Metallpulvers
zackige Korngestalt, rauhe Oberfläche des Korns	kugelförmige Korngestalt, glatte Kornoberfläche
Duktilität des Metallpulvers	Sprödigkeit des Metallpulvers
Freiheit von an den Korngrenzen liegenden Verunreinigungen, keine oder nur wenig Oxydfilme oder Gashäute	Oxydhäute an den Korngrenzen der Kristallite (rekristallisationshemmende Zusätze im engeren Sinne und nichtlegierbare Zusatzstoffe im weiteren Sinne)
hoher Preßdruck	niedriger Preßdruck oder keine Anwendung des Pressens (Schütten und Rütteln der Pulver)
niedriger Preßling (gleichmäßige Dichteverteilung)	hoher Preßling (Druckverluste beim Pressen, ungleichmäßige Dichteverteilung)
Verwendung von Schmiermitteln beim Pressen	Pressen ohne Schmiermittel
hohe Sintertemperatur	niedere Sintertemperatur
lange Sinterdauer	kurze Sinterdauer
Mehrfachpreß- und Sintertechnik	Einfache Preß- und Sintertechnik
legierungsbildende Zusätze beim Sintern	Sintern ohne legierungsbildende Zusätze
Heißpreßtechnik	kein Pressen in der Wärme

Die Gesamtporosität P eines Sinterkörpers setzt sich zusammen aus der „äußeren“, d. h. der von außen zugänglichen kapillarischen Porosität P_1 und der von außen unzugänglichen, nichtkapillarischen „inneren“ Porosität P_2.

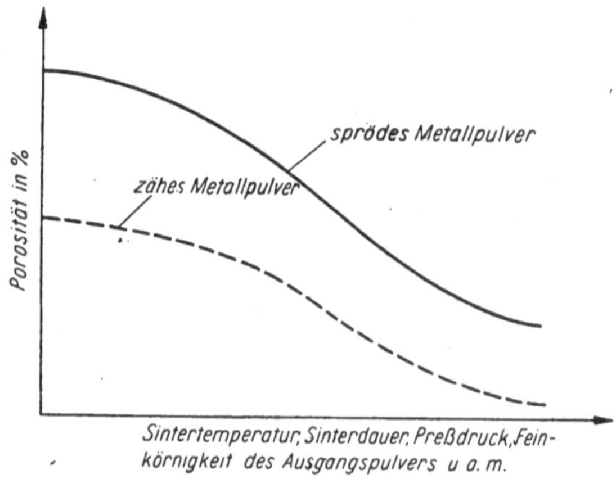

Abb. 2. Einfluß der Herstellungsbedingungen auf die Porosität eines Sinterkörpers (schematisch)

$$P = P_1 + P_2. \quad (1)$$

Die innere Porosität P_2 wird bedingt durch Hohlräume zwischen einzelnen Körnern oder auch innerhalb eines Kristallagglomerats, wobei die verschiedenen Hohlräume nicht miteinander in Verbindung stehen (vollständig geschlossene Poren). Nach Feststellungen, die in einem anderen Zusammenhang in unserem Institut durch Dr. J. VACEK[54] gemacht worden sind, ist diese hier gekennzeichnete innere Porosität P_2 meist relativ gering und überschreitet nur selten wesentlich den Betrag von 5% des Volumens des porösen Körpers. Überraschenderweise erwies sich, wie an Körpern aus bei niedrigen Temperaturen gesintertem, gut sinterfähigem Wolfram festgestellt werden konnte, die innere Porosität als ziemlich unabhängig von der Temperatur der Sinterung.

Die „äußere“ Porosität P_1 setzt sich ihrerseits zusammen aus der „durchgehenden“ Porosität P_3 und der „nichtdurchgehenden“ Porosität P_4.

$$P_1 = P_3 + P_4. \quad (2)$$

Somit ergibt sich

$$P = P_2 + P_3 + P_4. \quad (3)$$

Für die Qualität eines Filters und für die Durchlässigkeit desselben gegenüber dem Filtermedium ist nur die „äußere durchgehende“ Porosität P_3 maßgebend. Die „innere“ Porosität P_2 (vollständig geschlossene Poren) und die „äußere nichtdurchgehende“ Porosität P_4 (einseitig geschlossene Poren) sind unerwünscht, da sie überhaupt nicht zur Filterwirkung beitragen und außerdem durch sie die Festigkeit des Filterwerkstoffes ungünstig beeinflußt wird. Die letztgenannten Arten der Porosität (P_2 und P_4) lassen sich nicht vollständig vermeiden und nur bis zu einem gewissen Grad ausschließen.

Die Porosität P eines Sinterkörpers kann in verschiedener Weise definiert werden. Sie kann angegeben werden als die Differenz zwischen dem Volumen, welches der Sinterkörper einnimmt (V_f) und dem Volumen, welches ein vollständig kompakter Körper des gleichen Gewichtes (V_k) haben würde. Die Porosität ist dementsprechend durch das Volumen des freien Raumes zwischen den einzelnen Metallkörpern gekennzeichnet bzw. durch das Volumen der Luft bzw. des Gases im Sinterkörper.

Die Porosität wird in Prozenten von V_f angegeben, so daß sich

$$P = \frac{V_f - V_k}{V_f} \cdot 100 \text{ (in \%)} \tag{4}$$

ergibt.

Man kann natürlich auch die Porosität als Differenz der entsprechenden Dichten angeben, wie es u. a. BALSHIN[2] tut und was einfacher ist, da sich die Dichte des Sinterkörpers leicht bestimmen läßt und weil die Dichte des kompakten Metalles meist bekannt ist. Wenn s_2 die Dichte des Sinterkörpers und s_1 diejenige des kompakten Metalles ist, dann ergibt sich

$$P = \frac{s_1 - s_2}{s_1} \cdot 100 \text{ (in \%)}. \tag{5}$$

Beispiel:

Die Dichte des verwendeten kompakten Eisens sei 7,86 g/cm³, die des Sinterkörpers wurde mit 5,03 g/cm³ bestimmt. Dann errechnet sich die Porosität zu

$$P = \frac{7{,}86 - 5{,}03}{7{,}86} \cdot 100 = 36{,}0\%.$$

Metallische, pulvermetallurgisch hergestellte Filterkörper haben meist — und zwar je nach den Anforderungen, die an sie gestellt werden, z. B. hinsichtlich der Durchlässigkeit — eine Gesamtporosität P, die zwischen 30 bis 60%, in Ausnahmefällen auch bis zu 70%, liegt. Körper mit einer niedrigeren Porosität als 30% kommen praktisch für Filterzwecke nicht in Betracht. Demgegenüber beträgt die Porosität von porösen, selbstschmierenden Lagern — je nach ihrer Art und ihrem Verwendungszweck — meist nur 15 bis 35%[5].

Diese Werte für die Porosität von metallischen Filterkörpern mögen auf den ersten Blick relativ hoch erscheinen. Es ist dabei zu berücksichtigen, daß nur ein Teil der Poren durch den Filterkörper hindurchgeht, während es sich — zum mindestens bei Filterkörpern größerer Stärke — zum überwiegenden Teil um nichtdurchgehende, einseitig geschlossene Poren handelt. Es ergibt sich also eine zweite wichtige Eigenschaft von porösen Filterkörpern und zwar die der Menge und Größe der wirksamen, d. h. durchgehenden Poren (Porosität P_3).

Über die Methoden zur Messung der verschiedenen Arten der Porosität werden nähere Ausführungen im Kapitel 5.00 gemacht. In diesem Zusammenhang ist jedoch folgende Feststellung notwendig. Die „innere" Porosität P_2 kann leicht und in einfacher Weise gemessen werden. Dagegen ist es nicht möglich, in exakter Weise zwischen den beiden Arten der „äußeren" Porosität (P_3 und P_4) zu unterscheiden. Man kann nur indirekt auf das Verhältnis von P_3 zu P_4 auf Grund von Messungen der Durchlässigkeit schließen, worauf später noch eingegangen wird.

Die „innere" Porosität läßt sich u. a. ,wie BALSHIN[2] beschreibt, durch Bestimmung der Tränkbarkeit eines Sinterkörpers mit Öl feststellen. Das Öl füllt nur die von außen zugänglichen Poren, wenn der Sinterkörper in dieses eingetaucht wird. Wenn das spezifische Gewicht des Öles bekannt ist, läßt sich leicht aus der Gewichtszunahme das Volumen des eingedrungenen Öles ermitteln. Teilt man dieses Volumen durch das Gesamtvolumen der Poren, so erhält man den Prozentsatz der offenen zugänglichen Poren an den Gesamtporen. Aus der Differenz der „äußeren" Porosität zur Gesamtporosität läßt sich dann gemäß Formel (1) die „innere" Porosität ermitteln.

Beispiel:

Gewichtszunahme des Sinterkörpers durch Tränkung mit Öl der Dichte 1,21 g/cm³ = 4,841 g. Volumen der mit Öl getränkten Poren = 4,841/1,21 = 4,000 cm³. Gesamtvolumen der Poren = 7,264 cm³. Anteil der äußeren Poren an den Gesamtporen = 4,000/7,264.100 = 55%. Anteil der inneren Poren an den Gesamtporen also 45%. Wenn Gesamtporosität P = 38,2%, dann ist die äußere Porosität P_1 = 21,0% und die innere Porosität P_2 = 17,2%.

2.20 *Art und Lage der Poren*

Die in der Tabelle 2 genannten Herstellungsbedingungen pulvermetallurgisch erzeugter Sinterkörper bestimmen zwar die Größe der Gesamtporosität, haben aber — mit Ausnahme der Korngestalt des verwendeten Ausgangspulvers — keinen sehr wesentlichen Einfluß auf den Verlauf und die Lage der Poren im gesinterten Körper. Dagegen läßt sich die Größe der Poren in gewissem Umfange durch die Herstellungsbedingungen beeinflussen, so z. B. durch die Korngröße des verwendeten metallischen Ausgangspulvers.

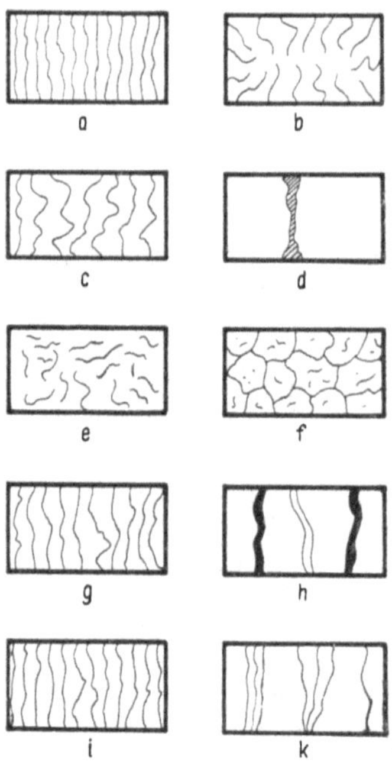

Abb. 3. Art und Lage von Poren in Sinterkörpern

Die Poren in einem metallischen Sinterkörper können bezüglich ihrer Größe, Verteilung. Art und Lage ganz verschiedenartig sein. Sie können z. B.

1. durchgehend sein oder nur von außen in das Innere des Sinterkörpers hineingehen, d. h. „blind" sein (vgl. Abb. 3a und b);

2. sie können mehr oder weniger gerade durch den Preßling oder den Sinterkörper hindurchgehen oder vollkommen willkürlich (vgl. 3a und c);

3. Die durchgehenden Poren können sich an irgendeiner Stelle des Sinterkörpers verjüngen, wie es übertrieben in 3d angedeutet worden ist;

4. sie können im Innern des Sinterkörpers liegen, also nicht von außen her zugänglich sein (vgl. 3e);

5. es kann sich um eine „innere" Porosität innerhalb der Kristallite oder Kristallagglomerate handeln (schematische Andeutung von Kristalliten mit inneren Poren vgl. 3f);

6. es können zahlreiche kleinere Poren oder wenige große im Sinterkörper bei gleicher Porosität desselben vorhanden sein (vgl. 3g und h);

7. die Poren können gleichmäßig oder ungleichmäßig verteilt sein (vgl. 3i und k), u. a. m.

Diese hier gekennzeichneten Fälle 1 bis 7 sind schematisch in Abb. 3a bis k angedeutet. In der Praxis werden immer mehrere der hier angedeuteten Fälle gleichzeitig vorliegen. Es werden also durchgehende offene Poren und nichtdurchgehende blinde Poren nebeneinander vorhanden sein. Die Poren werden, besonders im Hinblick auf ihren wirksamen kleinsten Querschnitt, verschieden groß und mehr oder weniger ungleichmäßig verteilt sein. Die in der Abb. 3 gewählte flächenmäßige Darstellung des Verlaufes und der Art der Poren ist der Einfachheit halber benutzt worden. Sie trägt nicht dem Umstand Rechnung, daß die Poren nicht oder nur sehr selten in einer Ebene liegen, sondern meist vollkommen willkürlich durch den Sinterkörper hindurchgehen.

Wenn von „gradlinigen", durch das Filter hindurchgehenden Poren gesprochen wird, so gilt dieser Begriff nur angenähert. Es ist darunter der kürzeste Weg der Pore zu verstehen, der sich aus der Packung der einzelnen, mehr oder weniger kugelförmigen Körner ergibt. Er ist natürlich meist wesentlich größer als die Stärke des Filters.

2.30 *Forderungen, die an ein Metallfilter hinsichtlich der Art und des Verlaufes der Poren gestellt werden müssen*

Aus der hier beschriebenen Art der in einem porösen Sinterkörper vorkommenden Poren ergeben sich sofort einige prinzipielle Forderungen, die an ein gegenüber Flüssigkeiten und Gasen gut durchlässiges Metallfilter gestellt werden sollten. Diese Forderungen lassen sich im einzelnen folgendermaßen formulieren.

1. Die Poren sollen möglichst durchgehend sein. In der Praxis muß man aber trotz gewisser Erzeugungsmaßnahmen damit rechnen, daß immer nur ein Bruchteil der Poren diese Forderung erfüllt. Es ist sicher, daß selbst bei Platten unter 3 mm Stärke nicht alle Poren durchgängig sind. Der prozentuale Anteil an nichtdurchgehenden Poren nimmt mit der Filterstärke stark zu.

2. Die Filterstärke soll aus diesem Grunde nicht zu groß sein. Die Stärke des Fliters muß jedoch aus Festigkeitsgründen so stark sein, daß sie mit Sicherheit den auftretenden Drucken beim Filtrieren einen ausreichenden Widerstand entgegensetzen kann. Das Filter kann dabei auf Zug, Druck, Biegung, Scherung usw. beansprucht sein. In der Technik werden mitunter Filter einer sehr geringen Stärke (Bleche, Folien, Bänder usw.) benutzt, die durchaus bei nicht zu hohen Filterdrucken eine genügende Stabilität haben. Nur bei sehr hohen Filterdrucken, z. B. 100 at., wird aus Festigkeitsgründen auf die Filterstärke Bedacht zu nehmen sein.

3. Die Poren sollen möglichst gerade durch das Filter hindurchgehen. Jede Biegung der Pore (Abweichung von einem Zylinder) erhöht aus verständlichen Gründen den Widerstand gegen das durchzudrückende und zu filtrierende Medium (Flüssigkeit oder Gas) infolge Reibung, Stauung usw. Wie BALSHIN[2] ausgeführt hat, hat aber eine „gewundene" oder „geschichtete" Führung der Poren gleichzeitig den Vorteil einer besonders guten Filterwirkung.

4. Die Poren sollen über ihre ganze Länge möglichst gleichmäßig sein, d. h. keine den Querschnitt der Poren verjüngende Einschnürungen haben. Für die Durchlässigkeit des zu filtrierenden Mediums ist der kleinste Querschnitt der Pore maßgebend.

5. Die Poren sollen möglichst annähernd der gleichen Größe sein, damit eine Verunreinigung bestimmter Größe mit Sicherheit aus dem zu filtrierenden Gut entfernt werden kann. Diese Forderung ist naturgemäß technisch besonders schwer zu erfüllen.

6. Die Poren sollen möglichst gleichmäßig über die ganze Filterfläche verteilt und nicht an einer Stelle des Filterkörpers angehäuft sein. Der Sinterkörper soll also eine gleichmäßig verteilte Porosität besitzen.

7. „Innere“ oder nichtdurchgehende Poren sind unerwünscht. Sie tragen nicht zur Filterwirkung bei und erniedrigen — je nach ihrer Art und ihrem Verlauf — die Festigkeit des Filters, welches als poröser Körper natürlich nicht so fest ist wie ein kompakter Gegenstand aus dem gleichen Material.

8. Die Filter verstopfen sich im Verlaufe ihrer Benutzung mit den abzufiltrierenden Verunreinigungen; sie „verblinden“. Die verstopften Filter müssen mit einfachen Mitteln und schnell regeneriert werden können, d. h. die Verstopfungen müssen leicht zu beseitigen sein, z. B. durch Anwendung eines Gegendruckes, durch chemische, das Filter nicht angreifende Agenzien, durch Temperaturbehandlung usw.

9. Die Filter müssen gegenüber den zu filtrierenden Flüssigkeiten und Gasen absolut chemisch widerstandsfähig sein, natürlich auch gegenüber den zu beseitigenden Verunreinigungen.

2.40 *Anzahl und Größe der Poren*

Nehmen wir an, daß ein Sinterkörper eine Gesamtporosität P von 20% besitzt und daß sämtliche Poren in gerader Linie durch den Filterkörper hindurchgehen (es ist dies allerdings ein kaum zu realisierender Idealfall), dann ergibt sich bei verschiedenen Porengrößen die in Tabelle 3 angegebene Porenzahl n für einen Würfel von 1 cm³.

TABELLE 3

Porendurchmesser a in μ	Zahl der Poren n in einem Würfel von 1 cm³
0,5	$1 \cdot 10^8$
1	$2{,}5 \cdot 10^7$
5	$6{,}25 \cdot 10^6$
10	$2{,}5 \cdot 10^5$
50	$1 \cdot 10^4$
100	$2{,}5 \cdot 10^3$

Der Tabelle 3 liegt die Beziehung

$$\mathrm{n} = \frac{P \cdot 4}{100 \cdot a^2 \cdot \pi} \tag{6}$$

zugrunde, wenn man annimmt, daß die Form der Poren zylindrisch ist.

In Abb. 4 ist die hier gekennzeichnete Abhängigkeit im doppelt-logarithmischen System dargestellt. Man sieht, daß die Anzahl der Poren bei gleicher Porosität stark von der Porengröße des Sinterkörpers abhängig ist und daß bei den Porengrößen, die für Metallfilter in Betracht kommen, die Anzahl der in einem Würfel von 1 cm³ Inhalt enthaltenen Poren außerordentlich groß ist.

Vom Standpunkt der Durchlässigkeit eines porösen metallischen Gegenstandes gegenüber Flüssigkeiten und Gasen haben, wie wir bereits betont haben, nur die durchgehenden Poren eine Bedeutung. Es ist klar, daß das Verhältnis der Anzahl der durchgehenden Poren N_1 zu der Anzahl der nichtdurchgehenden blinden Poren N_2 in erster Linie von der Stärke (Dicke) s des metallischen

Gegenstandes abhängig ist, entsprechend den Gesetzen der Wahrscheinlichkeit. Dies bedeutet, daß je stärker der Gegenstand ist, um so weniger Poren durch ihn hindurchgehen können.

$$\frac{N_1}{N_2} \backsimeq f\left(\frac{1}{s}\right). \tag{7}$$

Wie man aus der bisherigen Darstellung ersieht, sind an ein pulvermetallurgisch hergestelltes Filter aus den vorstehenden Gründen zwei wichtige und entscheidende Forderungen zu stellen.

1. Hohe Durchlässigkeit gegenüber den zu filtrierenden Flüssigkeiten oder Gasen und

2. Großer ,,Filtergrad", worunter wir die restlose Beseitigung von Verunreinigungen bestimmter und definierter Korngrößen verstehen. Die Größe der wirksamen Poren muß sich dabei nach den jeweils von der Praxis gestellten Forderungen bezüglich der Größe der zu beseitigenden Verunreinigungen richten.

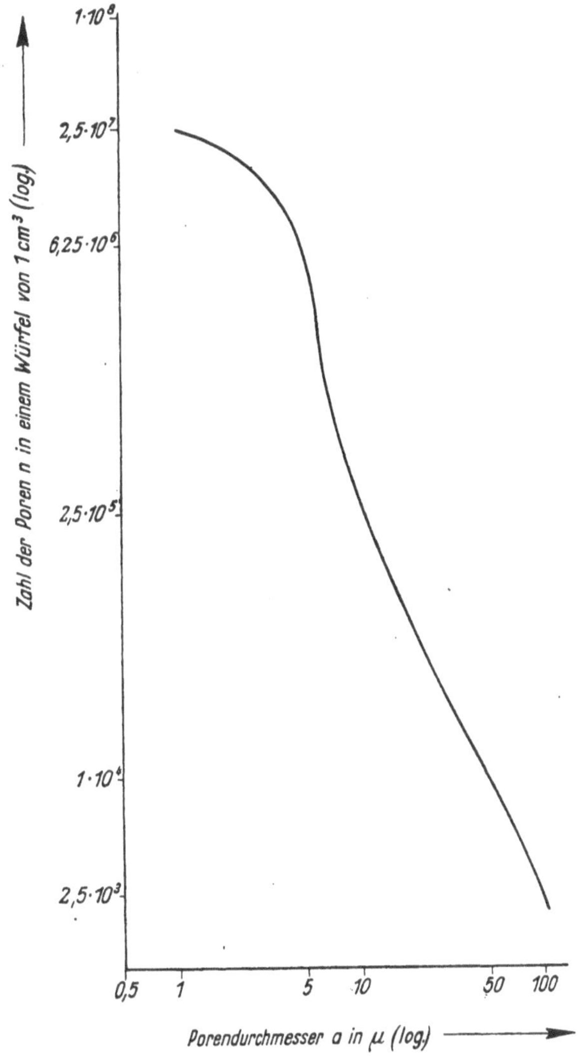

Abb. 4. Abhängigkeit der Porenzahl vom Porendurchmesser (Würfel von 1 cm^3)

2.50 Durchlässigkeit von Metallfiltern

Die Durchlässigkeit von Filtern ist als diejenige Flüssigkeits- oder Gasmenge in cm^3 zu definieren, die während der Zeiteinheit, z. B. in einer Minute, durch ein Filter von 1 cm^2 Filterfläche bei einer Stärke desselben von 3 mm und bei Anwendung eines gleichmäßigen Überdrukkes von 1 at (Raumtemperatur 20° C) hindurchgeht. Eine Stärke des Filters von 3 mm ist bei pulvermetallurgisch hergestellten Metallfiltern deswegen zu wählen, weil Filter unter dieser

Stärke mitunter schon ungenügend fest sind, Filter über dieser Stärke dagegen schon in der Durchlässigkeit nachlassen. Eine Begrenzung des Überdruckes auf eine Atmosphäre ist deswegen gerechtfertigt, weil bei höheren Überdrucken die Durchlässigkeit weit weniger ansteigt als der Druck. Kleinere Drucke als 1 at sind deswegen auszuschließen, weil dadurch die Durchflußmenge stark erniedrigt, die Genauigkeit der Messungen also erheblich verkleinert wird. Die Durchlässigkeit wird somit in cm^3/min pro cm^2 Filterfläche angegeben bzw. in cm/min. In der ausländischen Literatur wird anstelle der hier definierten Durchlässigkeit häufig der Permeabilitätsfaktor α benutzt.

Die Durchlässigkeit ändert sich gemäß den in Tabelle 4 angegebenen Bedingungen.

Die Erfahrungen und die Ergebnisse von Versuchen, die von den verschiedensten Seiten, darunter auch von uns angestellt wurden und die teilweise in diesem Buch beschrieben werden, zeigen, daß die Durchlässigkeit D innerhalb gewisser Grenzen etwa proportional dem Überdruck p_f ist, mit dem die Flüssigkeiten filtriert werden. Sie ist außerdem proportional der Filterfläche A und der Zeit t. Sie sinkt mit erhöhter Viskosität η des Filtermediums. Die Durchlässigkeit ist innerhalb gewisser Grenzen weiterhin etwa umgekehrt proportional der Stärke des Filters s. Sie nimmt mit der Erhöhung der Porosität P, d. h. mit der Anzahl der durchgehenden Poren N_1 und mit dem mittleren, wirksamen Porendurchmesser d zu, und zwar nach BALSHIN[2] etwa proportional dem Quadrat desselben. Es ergibt sich dann für die Durchlässigkeit D:

$$D = \frac{p_f \cdot A \cdot N_1 \cdot \pi d^2 \cdot t}{s \cdot \eta \cdot a \cdot 4} \cdot k. \tag{8}$$

worin k eine Konstante und a der Reibungskoeffizient der Flüssigkeit an den Porenwänden ist.

TABELLE 4

Beeinflussung der Durchlässigkeit von Metallfiltern

Die Durchlässigkeit eines Filters nimmt zu	Die Durchlässigkeit eines Filters nimmt ab
mit erhöhter Porosität	mit verringerter Porosität
mit erhöhter Porenzahl	mit verringerter Porenzahl
mit Vergrößerung der Porengröße	mit Verkleinerung der Porengröße
bei hoher Zahl an durchgehenden Poren im Vergleich zu blinden, bei sonst gleicher Porosität	bei hoher Zahl der blinden Poren gegenüber den durchgehenden, bei sonst gleicher Porosität
bei freien (nichtverstopften) Poren	bei Verstopfung der Poren durch Verunreinigungen, d. h. im Laufe der Verwendung des Filters
mit Verkleinerung der Filterstärke	mit Erhöhung der Filterstärke
mit Vergrößerung der Filterfläche	mit Verkleinerung der Filterfläche
mit Erhöhung des Filterdruckes atp	mit Verkleinerung des Filterdruckes atp
mit Verkleinerung der Viskosität des Filtermediums	mit Vergrößerung der Viskosität des Filtermediums

Erst bei höheren Überdrucken, z. B. von 5 bis 10 at ab, nimmt die Durchlässigkeit D beim Filtrieren weniger stark zu, als der Proportionalität entspricht. Die Durchlässigkeit nimmt ferner bei größeren Filterstärken schneller ab, als sich auf Grund der umgekehrten Proportionalität erwarten läßt. Schematisch sind diese Verhältnisse in den Abb. 5a und 5b angedeutet.

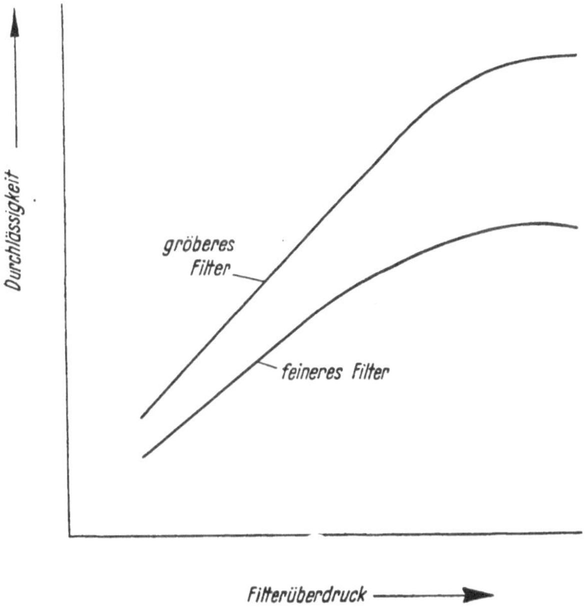

Abb. 5a. Abhängigkeit der Durchlässigkeit vom Filterüberdruck (schematisch)

Für den Permeabilitätsfaktor α von Filtern gegenüber Gasen gilt nach DAREY[55], bei Voraussetzung einer Strömung unter nichtturbulenten Bedingungen

$$\alpha = \frac{Q \cdot \eta \cdot s}{p_f \cdot \gamma} \cdot k_1. \qquad (9)$$

Hierin ist Q die Menge des durchströmenden Gases in der Zeiteinheit (z. B. in einer Minute) und γ die Dichte des Gases beim Überdruck p_f, η die Viskosität desselben und s die Dicke des Filters; k_1 ist eine Konstante.

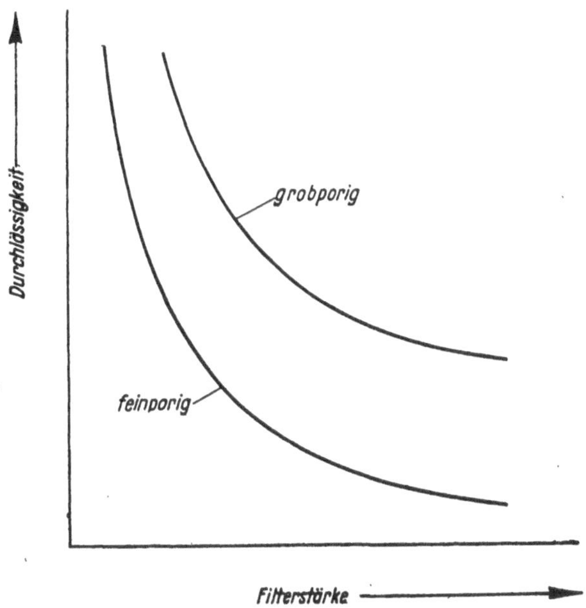

Abb. 5b. Abhängigkeit der Durchlässigkeit von der Filterstärke (schematisch)

Vergleicht man die Durchlässigkeit D gemäß der von uns vorgeschlagenen Definition mit dem Permeabilitätsfaktor α, wie er im besonderen in den USA zur Kennzeichnung der Durchlässigkeit von Flüssigkeiten und Gasen durch metallische Filter benutzt wird (vgl. Gleichung 9), dann ergibt sich, daß der in Gleichung 8 angegebene Faktor k offenbar auf das engste mit dem Permeabilitätsfaktor a zusammenhängt, und zwar ist

$$a = k \cdot N_1 \cdot \frac{d^2 \pi}{4}. \tag{9a}$$

Hierin ist $N_1 \cdot d^2$ die Gesamtfläche der durchgehenden Poren auf der Filterfläche A.

2.60 *Wirksamkeit von Filtern*

Die Forderungen, die an ein Filter gestellt werden, d. h. hohe Durchlässigkeit bei gutem Filtergrad (Porengröße), widersprechen sich offenbar. Je größer die Porengröße ist, d. h. je größer die zu beseitigenden Verunreinigungen sein dürfen, desto höher wird die Durchlässigkeit der Filter sein. Je kleiner aber die Verunreinigungen sein dürfen, eine um so niedrigere Durchlässigkeit wird sich ergeben. Die Wirksamkeit eines Filters kann daher weder durch die Durchlässigkeit allein noch durch den Filtergrad allein veranschaulicht werden. Aus diesem Grunde haben wir bereits früher den Vorschlag gemacht, die Wirksamkeit eines Filters durch das Verhältnis von Durchlässigkeit D zum Filtergrad F zu kennzeichnen[56,57] (vgl. K. OCETEK, Vortrag auf der Zweiten Pulvermetallurgischen Konferenz in Brno, April 1953), siehe auch „SBORNÍK, Pokroky v práškové metalurgii, Verlag ČSAV, 1954. Die Durchlässigkeit D wird in cm^3/min pro cm^2 Filterfläche angegeben (vgl. Kap. 2.50). Als Maß für den Filtergrad F setzen wir den mittleren Porenquerschnitt $\frac{a^2 \cdot N}{4}$ ein. Es ist besser, den Porenquerschnitt statt des Porendurchmessers zu wählen, wie es in der oben zitierten ersten Formulierung geschehen ist, weil nach BALSHIN[2] die Durchlässigkeit etwa proportional dem Quadrat des Porendurchmessers a ist. Wir erhalten dann folgende Beziehung:

$$W = \frac{4D}{\pi a^2} = 1{,}273 \frac{D}{a^2}. \tag{10}$$

Beispiel:

Beträgt z. B. die Durchlässigkeit eines 3 mm starken Eisenfilters (DPG-Eisen) bei einer Filterfläche von 1 qcm gegenüber Wasser bei Zimmertemperatur (20° C) 1000 ccm/min und werden durch das Filter mit Sicherheit Verunreinigungen aus der filtrierten Flüssigkeit von 2,0 μ ($2:10^{-4}$ cm) entfernt, dann ergibt sich eine Wirksamkeit W des Filters von $2{,}5 \cdot 10^{10}$.

Es handelt sich selbstverständlich nur um eine „technische" Größe, die nur dazu dient, die Wirksamkeit eines Filters und seine Leistungsfähigkeit in einfacher Weise zahlenmäßig auszudrücken. Wissenschaftlich hat sie nicht die geringste Bedeutung. Wie schon erwähnt, geht im allgemeinen jede Erhöhung der Durchlässigkeit mit einer Erniedrigung des Filtergrades konform. Es wird also technisch meist ein Kompromiß zwischen diesen beiden Eigenschaften im Hinblick auf die jeweils gestellten Forderungen zu schließen sein. Es ist aber durchaus möglich, wenigstens in einem gewissen Umfange durch entsprechende fabrikatorische Maßnahmen auch bei hohen Ansprüchen an den Filtergrad eine möglichst große Durchlässigkeit zu erzwingen und umgekehrt. So ist es dem VÚPM gelungen, Filter zu erzeugen, die in ihrer Wirksamkeit diejenige ausländischer Filter übertreffen, wie aus einem Vergleich mit den von ausländischer Seite genannten Zahlenangaben über Durchlässigkeit und Filtergrad industriell erzeugter Filter hervorgeht[56] (vgl. K. OCETEK, Vortrag Brno, April 1953, siehe oben).

3.00 Verfahren zur Herstellung von Metallpulvern kugelförmiger Korngestalt als Ausgangsmaterial für Metallfilter

Eine wichtige Voraussetzung für die Herstellung von Metallfiltern hoher Wirksamkeit, im besonderen großer Durchlässigkeit, liegt in der Verwendung von Metallpulvern von möglichst angenäherter kugelförmiger Korngestalt und glatter Kornoberfläche. Es finden sich zwar in der Literatur an vereinzelten Stellen Angaben darüber, daß zur Erzeugung von Metallfiltern auch Metallpulver nichtkugelförmiger Korngestalt benutzt worden sind. Es ist jedoch anzunehmen, daß die Durchlässigkeit solcher Metallfilter wesentlich geringer ist, als wenn Pulver gleicher mittlerer Korngröße, aber kugelförmiger Korngestalt, verwendet worden wären. Besonders bei Metallfiltern hoher Porosität und Durchlässigkeit ist man zweifellos auf die Verwendung von kugelförmigen Metallpulvern als Ausgangspunkt der Filterherstellung angewiesen.

Metallpulver kugelförmiger Korngestalt und glatter Kornoberfläche lassen sich zwar sehr gut schütten und relativ dicht rütteln. Sie zeigen dementsprechend ein geringes Füll- und Klopfvolumen und nur einen kleinen Unterschied zwischen diesen beiden Werten. Sie lassen sich aber schwer verpressen und weniger gut zusammensintern. Hierin liegt aber bei der Erzeugung von Metallfiltern gerade ihr technischer Vorzug, da die Herstellung eines mehr oder weniger porösen Gegenstandes angestrebt wird.

Im Gegensatz dazu lassen sich Metallpulver mit platten-, teller- oder flitterförmiger Korngestalt sowie mit schwammiger Kornstruktur und rauher Kornoberfläche viel leichter und dichter zusammenpressen und zusammensintern. Ihre Sinterfähigkeit[58, 59] (vgl. C. AGTE, Hutnicky listy, Maiheft 1953 und SBORNÍK, Pokroky prášková metalurgie, Nake. ČSAV, Praha, 1954) ist wegen der bereits durch das Pressen erreichten innigen Verfilzung und Verzahnung der Einzelkörner und wegen ihrer spezifisch größeren Oberfläche erheblich größer, so daß es viel leichter und schneller zum Platzwechsel von Atomen zwischen den benachbarten Körnern und zur Selbstdiffusion zwischen ihnen durch Temperatureinwirkungen kommen kann.

Metallpulver kugelförmiger Korngestalt haben für die Herstellung von Metallfiltern nicht nur den Vorteil einer „schlechteren“ Sinterfähigkeit, die zu Sinterkörpern hoher Porosität führt, sondern es bilden sich auch Hohlräume zwischen den einzelnen Körnern, eben die für die Filterwirkung wichtigen Poren. Diese bleiben auch bei höheren Sintertemperaturen, die aus Festigkeitsgründen benutzt werden müssen und bei längeren Sinterdauern viel leichter bestehen, als dies bei Pulvern ungeeigneter Korngestalt der Fall ist. Aus allen diesen Gründen ist daher die Verwendung von Metallpulvern möglichst idealer Kugelgestalt des Korns und glatter Kornoberfläche für die Zwecke der Filterherstellung erwünscht. In diesem Sinne ist auch die ausländische und inländische Entwicklung auf dem Gebiet der pulvermetallurgisch hergestellten Metallfilter verlaufen.

Für die Herstellung von Metallfiltern, die ganz oder teilweise aus Körnern kugelförmiger Korngestalt bestehen, kommen die in Tabelle 5 zusammengestellten Verfahren in Betracht. In dieser Tabelle ist angegeben, von welchem Zustand des Ausgangsstoffes bei der Erzeugung ausgegangen werden muß, und

TABELLE 5

Verfahren zur Herstellung kugelförmiger Metallpulver

Verfahren	Ausgangsstoffe	Korngestalt	Pulver z. B.	Korngröße μ
1. *Gewinnung aus der Gasphase:*				
a) Kondensation b) Solutierverfahren	Metallschmelzen	kugelig kugelig	Zn Pb	0,10 bis 10 0,10 bis 5
c) Carbonylverfahren	Metallcarbonyle	kugelig	Fe Ni	0,10 bis 5
2. *Granulieren und Zerstäuben:*				
a) Granulieren in Wasser	bildsame Metalle und Legierungen im geschmolzenen Zustand	vorwiegend kugelig	Pb Fe Cu Ag	100 bis 500
b) Abschmelzen im Lichtbogen unter Wasser		vorwiegend kugelig	Bronze Cu Ms	100 bis 500
c) Zerstäuben mit Luft oder Wasserdampf		spratzig mit kugel. Anteilen	Al Cu Fe	20 bis 400
d) Zerschleudern mit Luft in Wasser unter gleichzeitiger mechanischer Einwirkung (DPG-Schleuderverfahren)		spratzig mit kugel. Anteilen	Al Ni Cu Ms Bronze usw.	20 bis 400
3. *Mechanische Zerkleinerung*				
(Brechen von Spänen oder Drähten mit oder ohne Einkerbungen in Kreuzschlagmühle)	Metallspäne oder Drähte (nicht allzu duktiler Metalle)	kugelig	Fe Ni Bronze usw.	100 bis 600

welche ungefähre mittlere Korngröße die nach den verschiedenen Verfahren hergestellten Metallpulver besitzen. Es scheiden also die meisten der in der Pulvermetallurgie zur Großerzeugung von Metallpulvern benutzten Verfahren für die Herstellung von Metallfiltern als Ausgangsmaterial aus.

Die Möglichkeiten der Erzeugung von Metallpulvern kugelförmiger Korngestalt lassen sich folgendermaßen zusammenfassen:

1. Benützung von handelsüblichen Pulversorten, die bereits eine mehr oder weniger ideale Kugelgestalt des Korns besitzen, wie z. B. Carbonyl-, Kondensations-, Solutier-, Verdüsungs- und DPG-Pulver (letzteres hergestellt nach dem Verfahren der Deutschen Pulvermetallurgischen Gesellschaft, Frankfurt am Main).

2. Bewußte Herstellung von Metallpulvern kugelförmiger Korngestalt und möglichst auch glatter Oberfläche durch Sonderverfahren, wie z. B. durch Abschmelzen von Drähten unter Wasser.

3. Zerkleinerung von Spänen, Drähten usw. durch zweckmäßige Maßnahmen auf Metallkörner bestimmter Korngröße und von annähernd kugelförmiger Korngestalt. Zu diesem Verfahren kann man auch jene rechnen, bei denen weniger kugelförmige Körner durch mechanische Verfahren, wie z. B. Mahlen in bestimmter Weise, in Metallpulver von fast idealer Kugelgestalt umgewandelt werden.

Im Auslande werden offenbar vor allem die sich aus den Maßnahmen 1 und 2 ergebenden Möglichkeiten der Gewinnung kugelförmiger Korngestalt technisch ausgenutzt, während wir bei der inländischen Entwicklung von Metallfiltern vor allem die Wege 1 und 3 beschritten haben. Im besonderen muß der Weg 3 in mancher Beziehung als neuartig angesehen werden. Er wurde daher auch unter Patentschutz gestellt[60] (zum čsl. Patent angemeldet — K. OCETEK und G. DURYNEK).

3.10 *Aus der Gasphase gewonnene Pulver*

3.11 *Carbonylpulver*

Eine annähernd kugelförmige Korngestalt weisen unter den handelsüblichen Metallpulvern vor allem solche auf, die durch Zersetzung von Metallcarbonylen entstanden sind. Dies geht aus Abb. 6 hervor, in welcher die Mikrophotographie eines durch Zersetzung von Eisencarbonyl erhaltenen Metallpulvers wiedergegeben ist. Die Herstellung ist im wesentlichen auf die Carbonyle der Eisengruppe beschränkt, da nur diese leicht zersetzbare Carbonylverbindungen bilden (Eisenpentacarbonyl $Fe(CO)_5$ bzw. Nickeltetracarbonyl $Ni(CO)_4$, vgl. die Arbeiten von MOND und QUINCKE[60 62], Chem. News 63, 1891, S. 301 und 64, 1891, S. 20 sowie von MOND und LANGER[63], J. chem. Sce. 59, 1891, S. 1090). Eisenpentacarbonyl ist eine bei Zimmertemperatur gelbe Flüssigkeit, die bei 103° C verdampft und bei weiterer Erhitzung in Eisen und Kohlenoxyd zerlegt wird. Nickeltetracarbonyl verdampft schon bei 43° C und zerfällt bei höheren Temperaturen leicht in Nickelpulver und Kohlenoxyd. Da außer Eisen und Nickel auch Kobalt, Wolfram, Molybdän und Chrom Carbonyle bilden, können gegebenenfalls durch Zerlegung von Carbonylgemengen Legierungspulver der genannten Metalle hergestellt werden.

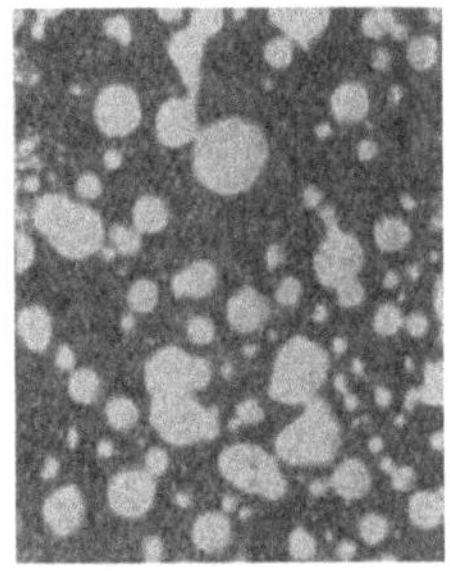

Abb. 6. Mikrophotographie eines Carbonyleisenpulvers

Pulver aus Metallcarbonylen besitzen eine sehr kleine Korngröße von einem bis wenige μ. Diese große Feinkörnigkeit ist aber vom Standpunkt der Metallfilterherstellung nicht günstig, da die Carbonylpulver infolge ihrer Kornfeinheit leicht zusammensintern und relativ dichte Sinterkörper ergeben. Aus diesem Grunde kommen sie daher zur Herstellung von porösen Metallfiltern nur dann in Frage, wenn Filter niedriger Durchlässigkeit, aber kleinster Porengröße erzeugt werden sollen. Jedenfalls ist bisher nicht eine breitere Benutzung von Carbonylpulvern für Filterzwecke bekannt geworden. Über die Verwendung von Carbonyleisenpulver für Filterzwecke vgl. R. PFEIL[64], Symposium on Powder Metallurgy, The Iron and Steel Institute, Spec. Rep. 38, London 1947, S. 47.

3.12 *Kondensations- und Solutierverfahren*

Ein weiteres Verfahren zur Gewinnung von Metallfiltern kugelförmiger Korngestalt, welches jedoch meist auf solche Metalle beschränkt ist, die einen niedrigen Siedepunkt haben, ist die Verdampfung der Metalle und anschließende Kondensation des Metalldampfes. Auf diese Weise wird z. B. Zinkpulver technisch aus der Gasphase gewonnen. Die Korngestalt der Kondensationspulver ähnelt in ihrer äußeren Form stark den Carbonylpulvern.

Auch das Solutierverfahren, welches großtechnisch z. B. bei der Herstellung von Blei-, Mennige- und Zinkweißpulver angewendet wird, ermöglicht die Erzeugung kugelförmiger Körner und zeigt, daß auch Metalle und Metallverbindungen mit höherem Schmelzpunkt über die Gasphase in Feinpulverform zu gewinnen sind[65] (vgl. H. MASUKOWITZ, Elektrowärme 8, 1938, S. 3). Das Verfahren beruht auf einer Vergasung von Metallen im elektrischen Lichtbogen. Diese Art der Technik bezeichnet man neuerdings als „Gasmetallurgie“. Da jedoch Zink, Blei und ähnliche Metalle und Metallegierungen keine zur Herstellung von Metallfiltern geeigneten Stoffe sind, scheiden das Kondensations- und das Solutierverfahren — von Ausnahmen abgesehen — für den vorliegenden Verwendungszweck aus.

3.20 *Granulations- und Zerstäubungspulver*

3.21 *Granulationspulver*

Ein relativ billiges Verfahren zur Herstellung von Metallpulvern, die eine vorwiegend kugelförmige Korngestalt haben, stellt die Körnung (Granulation) von Metallschmelzen dar. Das Verfahren ist im wesentlichen auf Metalle und Metallegierungen beschränkt, die im flüssigen Zustand bildsam sind. Das Verfahren der Körnung (Granulation) durch Gießen geschmolzener Metalle ist schon sehr alt. So wird zum Beispiel Bleischrott schon seit langem durch Auftropfen von geschmolzenem Blei auf ein Sieb hergestellt. Während des Fallens in der Luft erkalten die Bleikugeln bereits weitgehend und werden dann in dem unter dem Sieb befindlichen Wasserbehälter abgeschreckt und gesammelt. Das Verfahren läßt sich auch — allerdings technisch viel schwieriger — auf die Herstellung von kugelförmigen Pulvern aus Kupfer, Bronze, Silber und anderen Metallen anwenden. Granulationspulver werden zur Herstellung von Metallfiltern nur in geringem Umfange benutzt.

3.22 *Zerstäubungspulver*

Der Granulation ähnlich sind die Verfahren zur Zerstäubung geschmolzener Metalle mit oder ohne gleichzeitiger Schlageinwirkung. Eines dieser Verfahren, das sogenannte Verdüsungsverfahren, bei dem ohne Schlageinwirkung gearbeitet wird, beruht darauf, daß man das geschmolzene Metall durch eine enge Düse hindurchleitet und dem Metallstrahl einen Strom von Wasserdampf, Preßluft und dgl. entgegenleitet. Dabei wird der Metallstrahl zerstäubt und eine

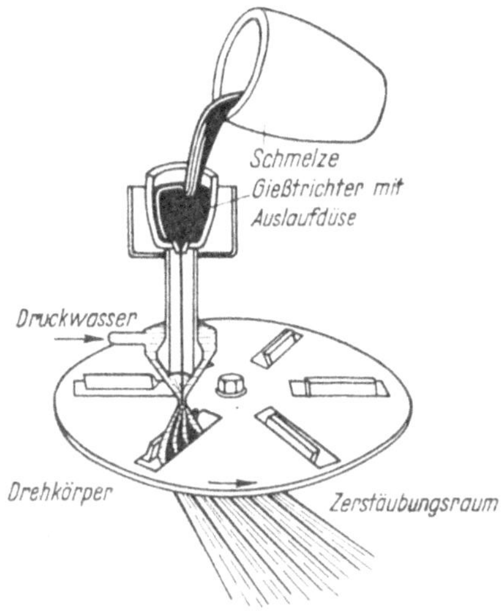

Abb. 7. Prinzipbezeichnung des DPG-Schleudergießverfahrens (Deutsche Pulvermetallurgische Gesellschaft mbH.)

schnelle Abkühlung der Metallteilchen herbeigeführt. Durch Regelung der Dampf- oder Luftgeschwindigkeit kann Metallpulver verschiedener Korngröße und zum Teil auch verschiedener Korngestalt hergestellt werden. Die Oxydation des Metallpulvers ist bei diesem Verfahren bemerkenswert gering. Es dient im besonderen zur Herstellung von Al-, Cu- und Fe-Pulvern. Die erhaltene Korngröße des Metallpulvers liegt zwischen 100 bis 500 μ. Die Korngestalt ist vorwiegend spratzig. Es sind jedoch auch kleinere Anteile an kugelförmigen Körnern vorhanden, die in ziemlich einfacher Weise von den spratzigen Anteilen getrennt werden können.

Neuerdings verwendet man in größtem Maßstab ein Zerstäubungsverfahren, bei dem mit Schlageinwirkung gearbeitet wird, das sogenannte DPG-Schleuderverfahren. Dieses Verfahren arbeitet sehr rationell und gestattet die Herstellung von Pulvern beliebiger Korngröße und veränderlicher Korngestalt bei geschmolzenen reinen Metallen oder Metallegierungen. Dabei wird ein dünner Metallstrahl, der von einem Wassermantel umgeben ist, durch einen schnell rotierenden Drehkörper mit Schlagorganen in feine Teilchen zerschlagen und zerschleudert. Das Prinzip des DPG-Schleuderverfahrens (Prinzipbezeichnung der Deutschen Pulvermetallurgischen Gesellschaft mbH, Frankfurt am Main) ist in Abb. 7 wiedergegeben.

Das nach dem DPG-Verfahren zu gewinnende Eisenpulver zeigt zwar nicht die fast ideale Korngestalt der Carbonyl- und Kondensationspulver, aber doch eine Kornform, die der Kugelgestalt unter Umständen recht nahe kommen kann. Neben spratzigen Anteilen befinden sich in dem DPG-Pulver auch mehr oder weniger große Mengen an kugelförmigen Anteilen, wie im einzelnen aus Abb. 8 hervorgeht, in welcher die Mikrophotographie eines vorwiegend kugelförmigen Eisenpulvers wiedergegeben ist.

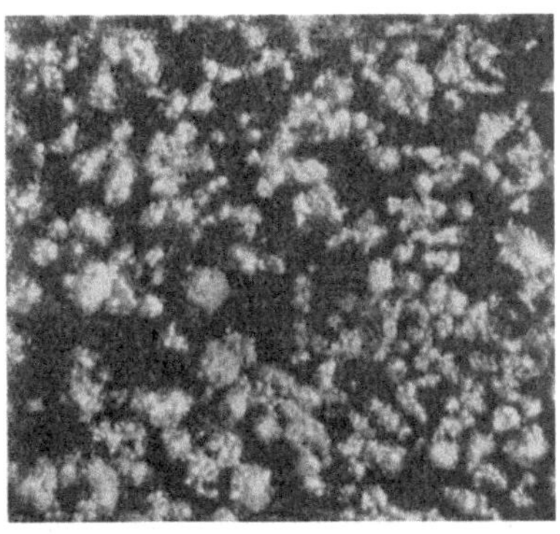

Abb. 8. Eisenpulver, gewonnen nach dem DPG-Verfahren (vorwiegend kugelig)

Durch die Wahl der Erzeugungsbedingungen läßt sich die Korngestalt weitgehend im Sinne einer Kugelform beeinflussen. Außerdem hat man die Möglichkeit, eine Trennung der kugelförmigen von den spratzigen Körnern durch Abrollen auf einer leicht geneigten Metall- oder Glasplatte vorzunehmen. Weiterhin läßt sich (siehe unter 3.40) spratziges DPG-Pulver durch mechanische Einwirkung (z. B. Mahlen in einer Kreuzschlagmühle) in kugelförmiges überführen.

Die Korngröße des DPG-Eisenpulvers liegt zwischen 50 und 400 μ. In Tabelle 6 sind einige Siebanalysen von DPG-Eisenpulver handelsüblicher Erzeugung angegeben.

TABELLE 6

Siebanalyse handelsüblicher DPG-Eisenpulver

Bezeichnung des Pulvers	Kornfraktion in % auf Sieben von 0,05—0,30 mm lichter Maschenweite						
	0,30	0,15	0,10	0,075	0,06	0,05	unter 0,05
Pulver Nr. I	3,5	28,2	5,2	4,6	39,0	10,5	9,0
Pulver Nr. II	6,2	33,1	6,4	5,5	32,3	8,8	7,7
Pulver Nr. III	11,0	36,6	8,9	7,1	25,5	6,9	5,0

Die Größe und Gestalt der Körner der Zerstäubungspulver, im besonderen aber der DPG-Schleuderpulver, läßt ihre Verwendung als Ausgangsmaterial für die Herstellung billiger metallischer Filter aussichtsreich erscheinen. Um jedoch zu Filtern einer technisch befriedigenden Wirksamkeit aus diesen Pulvern zu gelangen, bedarf es noch weiterer Maßnahmen, welche die Offenhaltung der Poren bei der Sinterung betreffen. Sie sind im einzelnen in Kapitel 4.00 beschrieben.

Wie aus den Zahlenwerten der Tabelle 6 hervorgeht, ist die Korngröße der DPG-Eisenpulver genügend groß, um eine ausreichende Porosität des Sinterkörpers bei der Temperaturbehandlung des Sinterns zu erreichen. Aus einem DPG-Eisenpulver lassen sich leicht durch Absieben verschiedene Kornfraktionen gewinnen, die zur Erzeugung von Metallfiltern verschiedener Porengröße benutzt werden können. Damit erhält man die Möglichkeit, je nachdem, ob man gröbere, mittlere oder feinkörnige Kornfraktionen verwendet, Metallfilter verschiedener Durchlässigkeit und verschiedener Porengröße in definierter Weise herzustellen. Ein wesentlicher Teil der im VÚPM-Vestec u Prahy durchgeführten Entwicklung diente der Erzielung technisch wirksamer Metallfilter aus DPG-Eisenpulver, im besonderen für die Endreinigung von Naphtha in Dieselfahrzeugen. Es ist dies eine besonders akute technische Frage.

3.30 *Abschmelzen von Drähten unter Wasser*

Die Herstellung von Körnern einer sehr guten kugelförmigen Gestalt durch Abschmelzen von Drähten und dgl. im elektrischen Lichtbogen unter Wasser ist ein Verfahren, welches offenbar im Auslande in größerem Umfange benutzt wird. Die erzielbare mittlere Korngröße ist abhängig von der Stärke der verwendeten Drähte sowie von den elektrischen Bedingungen beim Abschmelzen. Es werden meist Korngrößen von 0,2 bis 0,8 mm ∅ erreicht. Die Herstellung feinkörniger Metallpulver ist schwieriger. Das Verfahren findet anscheinend vor allem bei der Erzeugung von Bronze- und Kupferpulvern Anwendung.

In Abb. 9 ist die Mikrophotographie eines nach dem geschilderten Verfahren hergestellten Bronzepulvers wiedergegeben.

Als gewisser Nachteil des Verfahrens muß empfunden werden, daß es beim Abschmelzen unter Wasser zu einer gewissen Oxydation des Metallpulvers an der Oberfläche der Körner kommen kann.

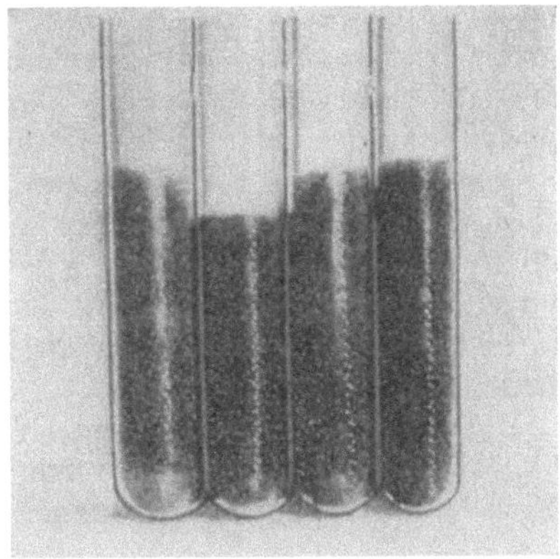
a b c d

Abb. 9. Mikrophotographie eines durch Abschmelzen im elektrischen Lichtbogen unter Wasser hergestellten Bronzepulvers (a, b, c, d sind verschiedene Kornfraktionen)

3.40 *Herstellung von Metallpulvern kugelförmiger Korngestalt auf mechanischem Wege aus Spänen, Drähten usw.*

Eine weitere Möglichkeit der Erzeugung von Metallkörnern kugelförmiger Korngestalt, wie sie im besonderen im VÚPM-Vestec u Prahy unter Mitarbeit von G. Durynek untersucht worden ist, besteht in einer Zerkleinerung von metallischen Spänen, Drähten und dgl., im besonderen aus nicht zu zähen Werkstoffen auf mechanischem Wege.

3.41 *Zerkleinerung von Spänen*

Man ist dabei in der Lage, kugelförmige Körner jeder gewünschten Korngröße in ziemlich weiten Grenzen durch Verwendung von Spänen verschiedenen Querschnitts herzustellen, die in einer Kreuzschlagmühle kurzfristig zerkleinert werden.

Das im VÚPM-Vestec u Prahy im einzelnen ausgearbeitete Verfahren ist folgendes. Es werden Späne durch drehende Zerspanung von nicht zu zähen Werkstoffen hergestellt, und zwar mit verschiedenem Spanquerschnitt, entsprechend dem Produkt Spantiefe und Vorschub. Dabei kann man die Spanquerschnittsform des abrollenden Spans, die von der theoretisch quadratischen oder rechteckigen abweicht, in einer für den vorliegenden Fall günstigen Weise beeinflussen. Es erweist sich nämlich für die Herstellung kugelförmiger Körner durch späteres Brechen der Ausgangsspäne in der Kreuzschlagmühle als zweckmäßig, wenn bei der Zerspanung eine dreieckige Querschnittsform entsteht. Diese erhält man, wenn von Zerspanungsbedingungen ausgegangen wird, bei denen der Vorschub gleich oder größer als die Spantiefe ist.

Es werden bereits entweder bei der Entstehung der Späne durch Anwendung von Spanbrechern, was bei spröderem Material möglich ist, oder nachträglich, was bei zäherem Material zweckmäßig ist, auf dem Span feine Einkerbungen in gewissen Abständen angebracht. Letzteres geschieht z. B. dadurch, daß man die meist gewundenen endlosen Spanlocken durch ein Walzenpaar hindurchlaufen läßt, dessen eine Walze glatt, während die zweite mit Rillen versehen ist. Die so erzeugten, mit Einkerbungen versehenen Späne, werden dann in eine Kreuzschlagmühle eingebracht und dort kurzseitig gemahlen (Dauer etwa 5 bis 20 Minuten). Dabei tritt zunächst eine Zerkleinerung der Späne an den Einkerbungsstellen, also ein Brechen derselben, ein. Bei weiterem Mahlen kommt es schließlich zu einer Abrundung der ursprünglich dreieckigen Querschnittsform. Die abgebrochenen Stücke nehmen im Endeffekt zum großen Teil eine fast ideale kugelförmige Gestalt an. Von dem zerkleinerten Gut lassen sich die kugelförmigen Körner leicht durch Ablaufen auf einer wenig geneigten Metall- oder Glasplatte von den nichtkugelförmigen abtrennen. Die gewichtsmäßig bestimmte Ausbeute an kugelförmigen Körnern ist relativ groß und beträgt bei den meisten Werkstoffen 70 bis 80% und mehr.

In Tabelle 7 ist das Ergebnis von Versuchen über die Herstellung und Zerkleinerung von Spänen auf kugelige Körner mitgeteilt, die an Poldi-Stahl der Marke T6 durchgeführt wurden.

TABELLE 7

Einfluß des Spanquerschnitts auf die Korngröße von Metallpulvern kugelförmiger Korngestalt.

Erhaltene Korngröße in mm der runden Körner (mittlere)	Herstellungsbedingungen für die Späne			Zerkleinerungsdauer i. d. Mühle	Ausbeute an runden Körnern
	Spantiefe mm	Vorschub	Schnittgeschw. mm/min	min	%
0,32	0,10	0,10	15	10	cca 20
0,36	0,12	0,12	17,5	15	45,7
0,40	0,15	0,15	17,5	15	50,7
0,45	0,20	0,20	15	15	71,8
0,50	0,15	0,30	35	15	74,0
0,60	0,25	0,25	15	20	76,5
0,65	0,20	0,40	20	10	79,6
0,70	0,30	0,30	22,5	15	80,0
0,78	0,25	0,50	17,5	20	78,2
0,93	0,40	0,40	35	35	70,0

Aber auch aus anderen Werkstoffen lassen sich nach dem geschilderten Verfahren kugelförmige Metallkörner in einer technisch sehr befriedigenden Ausbeute herstellen, so z. B. aus den verschiedensten legierten und unlegierten Stählen, aus zunder- und chemisch korrosionsfesten sowie hochtemperaturbeständigen Stählen, aus Bronze, Messing, Nickel usw. Bei sehr zähem Material (z. B. Kupfer) ist die Ausbeute an kugelförmigen Körnern relativ gering.

Aus den Ergebnissen der Tabelle 7 und aus weiteren Feststellungen ist zu folgern, daß

1. der mittlere Korndurchmesser der kugelförmigen Körner — offenbar bedingt durch die ursprüngliche Dreiecksform der Ausgangsspäne und durch eine Stauchung der gebrochenen Stücke beim Mahlen in der Kreuzschlagmühle — wesentlich größer ist (im vorliegenden Fall mehr als doppelt so groß), als sich aus dem theoretischen Spanquerschnitt bei der Erzeugung der Ausgangsspäne ergibt, daß

2. der mittlere Korndurchmesser mit der Größe des Querschnittes der Ausgangsspäne zunimmt, und zwar in dem Sinne und der Größe, wie es Abb. 10 zeigt, daß

3. die Ausbeute an kugelförmigen Körnern bei größeren Spanquerschnitten günstiger, d. h. größer ist, als bei schwächeren Spänen, daß

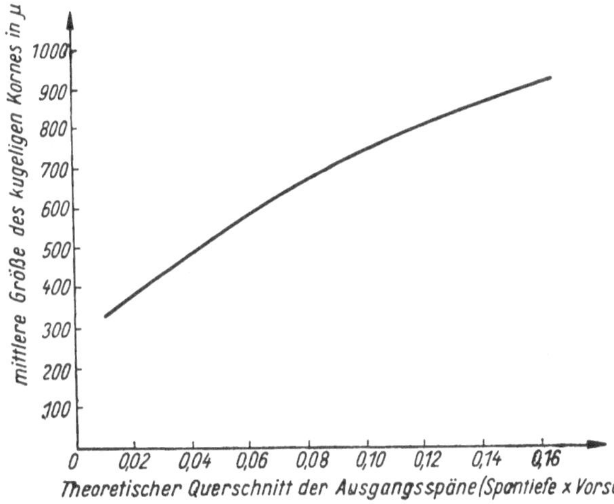

Abb. 10. Abhängigkeit der mittleren Korngröße kugeliger Teilchen vom (theoretischen) Querschnitt der Ausgangsspäne (Stahlmaterial Poldi T 6)

4. bei der Zerkleinerung der Späne in Kreuzschlagmühlen zunächst in den ersten Minuten ein Brechen derselben stattfindet, dann eine Abrundung der gebrochenen Späne in den folgenden Minuten, daß

5. der Anteil an kugelförmigen Körnern abhängig ist von der Einsatzmenge des Materials in der Kreuzschlagmühle und von der Laufzeit der Mühle. Die Wirkung der Mühle ist am günstigsten bei kleinen Einsatzmengen an Spänen. Die Ausbeute zeigt bei einer von der Einsatzmenge abhängigen Mahldauer ein Maximum.

6. Die Herstellung von kugelförmigen Kornteilchen gelingt am leichtesten bei Verwendung nicht zu zäher, spröder Stoffe. Bei diesen ist die Ausbeute am höchsten. Wird zäheres Material zerkleinert, dann ist die Ausbeute an kugelförmigen Körnern nur gering. Am schlechtesten ist sie bei ausgesprochen zähen Spänen (z. B. Kupfer). In diesem Falle bedarf es besonderer Maßnahmen, um überhaupt zu kugeligen Körnern auf dem beschriebenen Wege zu kommen.

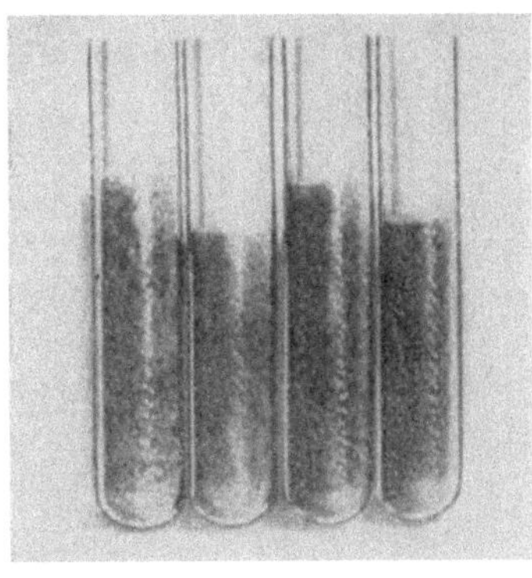

a b c d

Abb. 11. Sortiment von kugelförmigen Metallkörnern (Stahlmaterial Poldi T 6), gewonnen durch Zerkleinerung verschieden starker Späne

a Kornfraktion 0,2 bis 0,3 mm
b Kornfraktion 0,3 bis 0,4 mm
c Kornfraktion 0,4 bis 0,5 mm
d Kornfraktion 0 5 bis 0,6 mm

7. Die nach dem beschriebenen Verfahren erhaltenen kugelförmigen Körner besitzen eine mittlere Korngröße, die zwischen 0,20 bis 1,00 mm ∅ liegt. Feinere Körner sind nur schwierig und in einer Ausbeute zu erhalten, die meist technisch als ungenügend bezeichnet werden muß.

In Abb. 11 ist ein Sortiment von kugelförmigen Metallkörnern aus Poldistahl T6 verschiedener Größe wiedergegeben.

3.42 *Zerkleinerung von Drähten*

In noch einfacherer und eleganterer Weise als durch Zerbrechen eingekerbter Späne lassen sich kugelförmige Metallkörner aus nicht zu zähen Metallen oder Metallegierungen durch mechanische Zerkleinerung von Drähten gewinnen. Der Draht läuft dabei mit ziemlicher Geschwindigkeit durch ein gegenläufiges geriffeltes Walzenpaar. Geschwindigkeit und Riffelabstand auf den Walzen müssen der Stärke des Drahtes angepaßt sein. Bei diesem Vorgang wird der Draht mit Einkerbungen versehen. Der eingekerbte Draht trifft nach Verlassen der Walzen auf eine feste Unterlage auf. Durch Anstoß auf dieselbe wird er an den Einkerbungsstellen in kurze Stücke gebrochen. Abb. 12 gibt eine Darstellung des Einkerbungswerkzeuges.

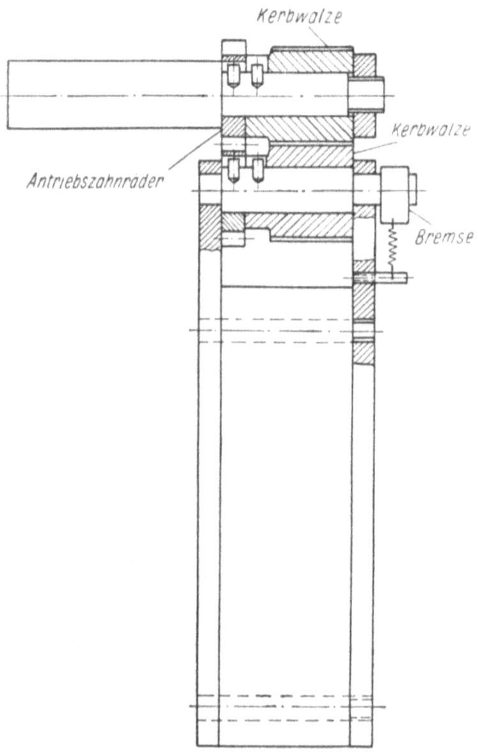

Abb. 12. Vorrichtung zum Einkerben von Drähten für die Herstellung kugeliger Körner durch mechanische Zerkleinerung von Drähten

Die so mit Einkerbungen versehenen Drahtstückchen werden dann in einer Kreuzschlagmühle oder in einer anderen Zerkleinerungsvorrichtung einem kurzen Mahlvorgang unterworfen. Es reicht hierzu eine Zeit von wenigen Minuten. Es werden kugelförmige Kornteilchen von fast idealer Kugelgestalt bei guter Ausbeute (80 bis 90%) erhalten. Die Korngröße der Teilchen ist von den Herstellungsbedingungen abhängig, im besonderen von der Stärke des Drahtes, dem zweckmäßigen Abstand der Einkerbungen, die durch den Riffelabstand auf den Walzen bedingt sind, und anderem mehr. Tabelle 8 bringt einen Auszug aus den in diesem Zusammenhang im VÚPM-Vestec u Prahy durchgeführten Versuchen.

In allen Fällen wurden Metallkörner von fast kugelförmiger Korngestalt erhalten. Die Kugelgestalt des Korns ist am idealsten, wenn das zu zerkleinernde

TABELLE 8

Herstellung kugelförmiger Metallkörner durch Zerkleinerung von Drähten

Material	Draht ∅ mm	Einkerbung	Laufzeit der Mühle min	Ausbeute in %	Größe d. kugel. Korns von ... bis ... mm	Bemerkung
Kanthal	0,70	1,00	5	84,9	0,60—0,70	
	0,60	0,80	2×3	79,0	0,50—0,60	
	0,50	0,80	5	78,5	0,40—0,50	
	0,40	0,60	5—6	78,0	0,30—0,40	
Anticorro Poldi AKV	0,90	1,00	2½	82,0	ca. 0,95	
	0,80	1,00		88,0	ca. 0,80	
	0,70	0,80		87,0	ca. 0,60	
	0,60	0,80		88,4	0,50—0,60	
	0,50	0,60		82,5	0,40—0,50	
	0,40	0,60		65,3	0,30—0,40	zu kleiner Einsatz
Nickel	0,80	1,00	3	91,3	0,80—1,00	
	0,70	0,80	3	64,7	0,70—0,80	Mahldefekt
	0,60	0,80	2½	89,0	0,60—0,70	
	0,50	0,60	2 × 3	81,0	0,50—0,60	
	0,40	0,60	2 × 3	89,0	0,40—0,50	
	0,30	0,40	4 × 3	90,5	0,30—0,40	großer Einsatz
	0,20	0,40	4 × 3	81,0	0,20—0,30	großer Einsatz
Bronze 92/8	0,70	0,80	3	80,4	0,70—0,80	
	0,60	0,80	2 × 3	76,4	0,50—0,60	
	0,50	0,60	3	75,4	0,40—0,50	
	0,40	0,60	2 × 3	62,0	0,30—0,40	zu kleiner Einsatz
	0,30	0,40	2×2½	64,8	0,20—0,30	zu kleiner Einsatz
	0,20	0,40	2 × 2½	78,0	ca. 0,20	
Ms 67/33	1,00	1,00	2	77,0	0,90	

Drahtmaterial nicht zu zäh ist. In diesem Falle ist auch die Ausbeute an kugelförmigen Körnern am größten.

Abb. 13 gibt ein Sortiment von kugelförmigen Körnern (Material nichtrostender Stahl) wieder, welche nach dem geschilderten Verfahren erzeugt wurden.

3.43 *Verbesserung der Kugelform von Metallkörnern durch Mahlen*

Die oben angegebenen Verfahren zur Herstellung kugelförmiger Metallkörner durch Zerkleinerung von Spänen und Drähten sind mit wirtschaftlicher Ausbeute an kugelförmigem Korn nur bis zu etwa 0,15 bis 0,20 mm ∅ herab anwendbar. Es ist aber möglich, in relativ einfacher Weise kugelförmige Metallkörner noch kleinerer Größe (d. h. unter 0,15 mm) durch kurzfristiges Mahlen

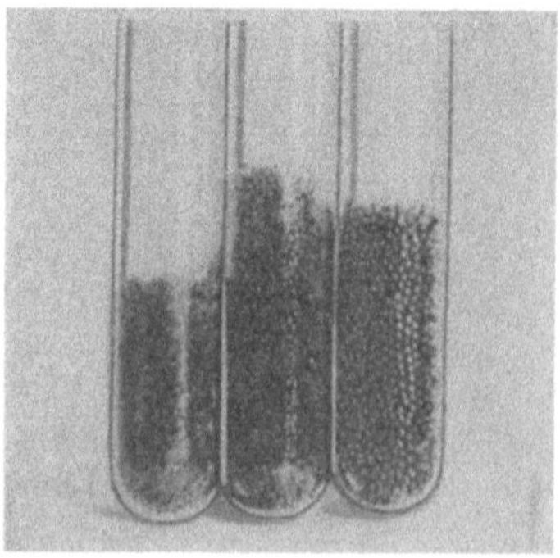

a b c

Abb. 13. Sortiment von kugelförmigen Körnern aus nichtrostendem Stahl, gewonnen auf mechanischem Wege aus Drähten

a) Kornfraktion 0,3—0,5 mm
b) Kornfraktion 0,5—0,7 mm
c) Kornfraktion 0,9 mm

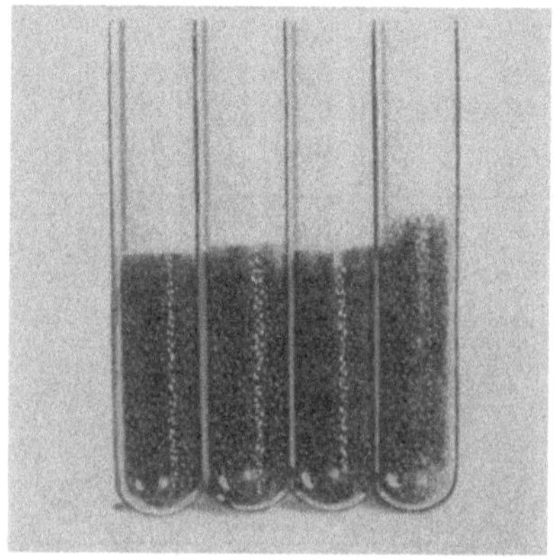

a b c d

Abb. 14. DPG-Eisenpulver, veredelt durch Nachbehandlung in einer Kreuzschlagmühle

a) Ausgangspulver, teilweise spratzige Korngestalt b) Kornfraktion 0,10 bis 0,15 mm, kugelige Korngestalt c) Kornfraktion 0,20 bis 0,30 mm, kugelige Korngestalt d) Kornfraktion 0,30 bis 0,40 mm, kugelige Korngestalt

nicht zu zäher Metallpulver, deren Korn nicht allzu stark von der Kugelform abweicht, herzustellen. Dies geht im einzelnen aus Versuchen hervor, die mit abgesiebten Kornfraktionen von DPG-Eisenpulver, welches eine mehr spratzige Korngestalt hatte, durchgeführt wurden. Es wurden z. B. Kornfraktionen von DPG-Eisenpulver unter 0,06 mm, von 0,06 bis 0,10 mm und von 0,10 bis 0,15 mm in einer Kreuzschlagmühle 10 Minuten gemahlen. Wie durch Vergleich der Abb. 14a und 14b hervorgeht, wird durch den relativ kurzen Mahlvorgang der überwiegende Teil des ehemals spratzigen Korns in kugelförmiges Pulver übergeführt. Das hier beschriebene, einfache, man möchte sagen primitive Verfahren, ist mit Erfolg auch auf andere Metallpulver anwendbar, sofern sie nicht ausgesprochen zäh sind und sofern ihre Ausgangskorngestalt nicht ausgesprochen ungünstig (z. B. teller- oder plattenförmig) ist. Die bei diesem Verfahren erreichbare Ausbeute an kugelförmigen Körnern ist infolge der größeren Abriebverhältnisse ziemlich gering und beträgt nur bis max 40% des Einsatzes.

3.50 *Übersicht und Bewertung der Verfahren zur Herstellung kugeliger Metallpulver*

Aus den in diesem Abschnitt gemachten Darlegungen geht hervor, daß:

a) man in der Lage ist, je nach dem verwendeten Herstellungsverfahren, mehr oder weniger kugelförmige Metallkörner aus fast jedem Metall und fast jeder Metallegierung in einer wirtschaftlichen Ausbeute zu erzeugen, daß

b) der erzielbare mittlere Korndurchmesser der kugelförmigen Teilchen innerhalb gewisser Grenzen durch das Herstellungsverfahren bestimmt wird, daß

c) in der Praxis zwar keine vollständig gleichmäßig großen Körner von idealer Kugelgestalt erhältlich sind, daß aber

d) die verschiedenen Metall- und Legierungspulver in einer solchen Korngröße und Korngestalt hergestellt werden können, wie sie zur Erzeugung von metallischen Filtern in der Technik benötigt werden.

Durch die von uns im VÚPM-Vestec u Prahy besonders eingehend untersuchten Verfahren der mechanischen Zerkleinerung von Spänen oder Drähten zur Gewinnung von Metallpulvern kugelförmiger Korngestalt lassen sich, wie bereits erwähnt wurde, in einer technisch brauchbaren Ausbeute (70% und mehr) nur Teilchen herstellen, deren mittlerer Korndurchmesser über etwa 0,15 mm hinausgeht, vorzugsweise Teilchen von 0,20 bis 0,80 mm $\varnothing$. Diese Korngrößen sind vor allem dann erwünscht, wenn Sinterkörper mit einer höheren Durchlässigkeit und größerer Porengröße durch Sintern geschütteter oder gerüttelter Metallpulver erzeugt werden sollen. In diesem Zusammenhang sei bemerkt, daß die Sinterung nichtgepreßter, sondern nur geschütteter oder gerüttelter Metallpulver im Auslande weitgehend bei der Herstellung von metallischen Filtern, z. B. solchen aus Bronze, wie durch die Oilite Ltd. Co, technisch verwendet wird.

Sind dagegen Metallfilter niedriger Durchlässigkeit und vor allem großer Feinporigkeit herzustellen, was ebenfalls technisch außerordentlich wichtig ist, dann benutzt man technisch zweckmäßig die kleineren Fraktionen solcher Metallpulver, die bereits eine annähernd kugelförmige Korngestalt haben oder die in einfacher Weise durch Mahlen aus einer nicht zu ungünstigen Kornform in Körner von kugelförmiger Korngestalt übergeführt werden können. Handelt es sich schließlich um die Erzeugung von Metallfiltern einer sehr großen Feinporigkeit, dann verwendet man sehr feinkörniges Ausgangspulver von fast idealer Korngestalt, wie etwa Carbonylpulver. In den beiden letzten Fällen pflegt man in der Regel die Metallpulver zunächst zu Preßlingen zu verarbeiten, die dann der Sinterung unterworfen werden.

In Tabelle 9 wird eine Übersicht über die bei der Herstellung metallischer Filter zu verwendenden Pulversorten, der zu ihrer Erzeugung benutzten Verfahren und ihrer Korngröße in Abhängigkeit vom Verwendungszweck der Filter gegeben.

3.60 *Einfluß der Kugelgestalt des Metallkorns auf Porosität und Durchlässigkeit von Filtern*

Für die Filtertechnik ist es wichtig zu wissen, welchen Einfluß die Korngestalt des Korns auf die Porosität und die Durchlässigkeit der Sinterprodukte ausübt. Zum Vergleich wurden annähernd kugelförmiges DPG-Eisenpulver, welches eine relativ glatte Kornoberfläche besaß, und plattenförmiges Hametageisen mit rauher Oberfläche untersucht. Alle Pulver hatten annähernd dieselbe

TABELLE 9

Übersicht über die bei der Herstellung von Metallfiltern technisch verwendeten Metallpulver kugelförmiger Korngestalt und ihrer Korngröße in Abhängigkeit vom Verwendungszweck der Filter

Art des Metallpulvers	Herstellungsverfahren der Metallpulver	mittlere Korngröße des Pulvers μ oder mm	Anwendungszweck der Metallfilter
Carbonyleisen- oder -nickelpulver	Carbonylverfahren, Zersetzung der Carbonyle	0,8—3,0 μ	Filter geringer Durchlässigkeit u. feinster Porengröße
Eisenpulver	DPG-Verfahren bzw. kurzzeitiges Mahlen von DPG-Pulver	unter 0,06 mm	Filter kleiner Durchlässigkeit u. sehr feiner Porengröße
		0,06—0,10 mm	Filter kleiner Durchlässigkeit u. feiner Porengröße
		0,10—0,20 mm	Filter etwas höherer Durchlässigkeit und etwas weniger feiner Porengröße
		0,20—0,30 mm	Filter höherer Durchlässigkeit und mittlerer Porengröße
Eisen, unlegierte und legierte Stähle, Nickel, Bronze, Messing usw.	Mechanische Zerkleinerung von: Spänen, Drähten	0,20—0,30 mm	Filter höherer Durchlässigkeit und mittlerer Porengröße
		0,30—0,50 mm	Filter sehr hoher Durchlässigkeit und größerer Porengröße
		0,50—0,80 mm	Filter sehr hoher Durchlässigkeit u. sehr großer Porengröße
Bronze, Messing und Kupfer	Abschmelzen von Drähten im Lichtbogen unter Wasser	Korngrößen und Anwendungszweck wie vor bei Pulvern aus mechan. zerkleinerten Spänen oder Drähten	
Schwermetallcarbide, wie WC, TiC usw.	Agglomeration der Carbidpulver durch Zusammenbacken (Sinterung)	0,05—0,20 mm	Verwendungszweck wie bei Pulvern ähnlicher Korngröße

mittlere Korngröße (gleiche Kornfraktion). Sie waren unter den gleichen Bedingungen zu Sinterkörpern verarbeitet worden. Diese Bedingungen waren im einzelnen folgende: Korngröße 0,06 bis 0,10 mm, Tränkung mit 10%

$FeCl_3 \cdot 6\,H_2O$ (berechnet auf den Fe-Gehalt), Preßdruck 2 t/cm², Vorsintertemperatur 700 bzw. 800° C und Endsintertemperatur 1100 bzw. 1250° C (eine Stunde).

Die Ergebnisse sind in nachstehender Tabelle 10 aufgeführt.

TABELLE 10

Vergleich der Durchlässigkeiten von Filtern aus DPG-Eisen sowie Hametag — Fe

Ausgangs-werkstoff	Vorsinter-temperatur °C	Endsinter-temperatur °C	Durchlässigkeit gegen Wasser bei 1 Atm in cm³/min/cm²	Dichte g/cm³	Porosität %
DPG	700	1100	980	3,50	55
DPG	800	1250	770	3,48	55
Hametag	700	1100	248	2,95	62
Hametag	800	1250	160	2,90	63

Aus den Ergebnissen ist ersichtlich, daß

1. Metallpulver mit kugeligen Körnern unter vergleichbaren Herstellungsbedingungen — bei gleicher Korngröße des Metallpulvers — zu Sinterprodukten führen, die eine erheblich größere Durchlässigkeit haben als Sinterkörper, die aus nicht kugelförmigem (platten- bzw. tellerförmigen) Metallpulver des gleichen Metalls hergestellt sind, daß

2. diese Tatsache von großer Bedeutung für die Filterherstellung nach pulvermetallurgischen Verfahren ist, und zwar in dem Sinne, daß kugelförmige Metallpulver für die Herstellung durchlässigerer Metallfilter gegenüber anderen Formen der Korngestalt von Metallpulvern weitaus am günstigsten sind, und daß

3. bereits durch relativ kleine Zusätze an ungeeignetem Pulver — Hametageisenpulver — (etwa 25%) die Durchlässigkeit der in der Hauptmenge aus kugelförmigem Metallpulver bestehenden Filter im ungünstigen Sinne beeinflußt wird, wie später noch durch das Zahlenmaterial bewiesen werden wird. Das Verhältnis der Durchlässigkeiten von vergleichbaren Metallfiltern aus kugeligem DPG-Eisen zu plattenförmigem Hametageisenpulver gleicher Korngröße beträgt im vorliegenden Falle 4 bis 5 : 1.

4.00 Verfahren zur Offenhaltung der Poren während der Sinterung

Eine weitere Forderung, die möglichst bei der pulvermetallurgischen Herstellung von metallischen Filtern erfüllt werden sollte, ist die Offenhaltung der Poren bei der Sinterung der Preßlinge oder auch (weniger bedeutungsvoll) bei der Sinterung geschütteter oder gerüttelter Pulver. Hierzu gibt es verschiedene Maßnahmen, die im folgenden besprochen werden sollen.

4.10 *Allgemeines*

Bei der Sinterung nimmt mit Erhöhung der Temperatur und der Dauer der Wärmebehandlung die Dichte der Teile aus gepreßten oder geschütteten Metallpulvern zu und die Porosität derselben ab. Die Wärmebehandlung ist aber zur Steigerung der Festigkeit und des Zusammenhaltes der Sinterkörper unbedingt notwendig und kann daher nicht entbehrt werden. Natürlich bedingt die Wärmebehandlung nicht nur eine Steigerung der Dichte und eine Verringerung der Porosität, sondern auch eine Schließung eines Teiles der Poren, im besonderen der feineren. Es ist dies an sich unerwünscht, da hierdurch die „Filterwirkung" beeinträchtigt wird.

Andererseits ist durch die Höhe der Sintertemperatur und durch die Dauer der Sinterung eine Beeinflussung der Durchlässigkeit und zum Teil auch der Porengröße in definierter Weise möglich, wovon man technisch bei der Herstellung von metallischen Filtern gewünschter Durchlässigkeit und gewünschter Porengröße Gebrauch machen kann und auch Gebrauch macht.

Es ist nun für die Eigenschaften eines metallischen Filters günstig, wenn durch die Sinterung — trotz einer Erhöhung der Festigkeit — die Porosität der Sinterkörper im großen und ganzen beibehalten werden kann. Die Erhöhung der Festigkeit des Sinterkörpers kommt dadurch zustande, daß sich benachbarte Kornteilchen zu einem festen Skelett verkitten und vereinigen, ohne daß es, bei einer nicht zu hohen Temperaturbehandlung, zu einer merklichen Schrumpfung des Sinterkörpers zu kommen braucht.

Es können u. a. folgende Maßnahmen benutzt werden, die eine Erhöhung der Festigkeit des Sinterproduktes ohne merkliche Beeinträchtigung der Porosität und ohne eine größere Schließung der Poren ermöglichen:

1. Zusatz von Füllstoffen meist oxydischer Art, aber auch von Carbonaten, Oxalaten und dgl., die sich mit dem Grundstoff des metallischen Filters nicht legieren und mit ihm nicht reagieren, in nicht zu großen Mengen. Diese Füllstoffe, die in inniger Verteilung im festen Zustand dem metallischen Grundpulver beigemischt werden, stellen einen absichtlichen Füllstoff dar, welcher ein Zusammensintern der einzelnen Körner wirksam verhindert, in den Poren eingelagert ist und somit eine Schließung der Poren während der Sinterung unmöglich macht.

Der Füllstoff wird nach der Sinterung aus dem Sinterkörper wieder mit chemischen Mitteln herausgelöst.

2. Zugabe von Füllstoffen in nicht zu großer Menge zum metallischen Grundstoff des Filters, die bei der Temperaturbehandlung (Sinterung) vollständig verdampfen. Auch durch diese Maßnahme wird in wirksamer Weise eine Schließung der Poren verhindert.

3. Zusatz von solchen Füllstoffen oder Beimengungen — meist in Form von Metallsalzen —zum metallischen Grundstoff des Filters in nicht zu großer Menge, die sich bei der Temperaturbehandlung der Sinterung zersetzen bzw. durch das Schutzgas (Wasserstoff, Mischgas usw.) reduziert werden. Die nichtmetallische Komponente des Metallsalzes verflüchtigt sich und hält dadurch die Poren offen. Die metallische Komponente trägt infolge Legierungsbildung oder Diffusion zur Festigkeitserhöhung des Sinterkörpers bei. Die Zersetzung des Füllstoffes soll bei Temperaturen stattfinden, die nur wenig unterhalb der Sintertemperatur liegen. Die metallische Komponente des zugesetzten Metallsalzes, welches zum Zwecke der besseren Verteilung im Grundmetall in Form einer wäßrigen Lösung zugegeben wird, kann von der gleichen oder auch von einer anderen Art sein als der Grundstoff des Filterkörpers. Im letzteren Fall muß er sich aber mit dem Grundmetall legieren können.

Die Maßnahme 1 wurde im VÚPM-Vestec u Prahy nicht näher untersucht. Nach Literaturangaben (BALSHIN) wird z. B. als Füllstoff Soda in Mengen von 5 bis 15% benutzt. Die Soda wird aus dem Sinterkörper durch Behandlung mit heißem Wasser oder mit schwacher Salzsäure herausgelöst, was jedoch meist nicht ganz vollkommen gelingt und wodurch die Gefahr einer „inneren" Korrosion erhöht wird. Die Maßnahme 2 ist Gegenstand einer Reihe von ausländischen Patentanmeldungen. Die Maßnahme 3 ist in unserem Institut entwickelt worden und wird von uns für besonders geeignet gehalten. Sie wurde daher im VÚPM-Vestec u Prahy eingehend untersucht. Das dabei ausgearbeitete Verfahren wurde von uns zur technischen Reife gebracht und wird bei der Herstellung von Metallfiltern, im besonderen aus DPG-Eisenpulvern, betrieblich benutzt.

4.20 *Zugabe von Beimengungen oder Füllstoffen, die während der Sinterung vollständig verdampfen*

Wie einleitend zu diesem Kapitel bereits erwähnt wurde, werden zur Herstellung von metallischen Filtern, deren Poren während der Sinterung offen gehalten werden sollen, Füllstoffe anorganischer Art benutzt, deren Menge (gewichtsmäßig) zwischen 5 bis 30% liegt, wenn Metallfilter höherer Porosität und Durchlässigkeit erzeugt werden sollen. Je höher die Dichte des metallischen Grundstoffes des Filters und je niedriger die Dichte des anorganischen Füllstoffes ist, um so kleiner muß der gewichtsmäßige Zusatz des Füllstoffes sein, damit sein volumenmäßiger Anteil im Preßkörper nicht zu groß wird.

In Tabelle 11 sind einige technisch bei der Sinterung von Metallfiltern in Betracht kommende anorganische Füllstoffe, ihre Dichten, Schmelz- und Zersetzungstemperaturen angegeben. Für die Herstellung von hochporösen Metallfiltern der Eisengruppe, wie Eisen, nichtrostende Stähle, Nickel usw., werden am häufigsten technisch Ammoncarbonat und Ammonbicarbonat als Füllstoffe verwendet.

TABELLE 11

Dichten, Schmelz- und Zersetzungsprodukte von anorganischen, bei der Filterherstellung benutzten Füllstoffen

Art des anorganischen Füllstoffes	Dichte g/cm³	Schmelzpunkt °C	Zersetzungstemperatur °C
Ammoncarbonat	—	—	58
Ammonbicarbonat	1,58	—	60
Natriumcarbonat	2,533	850	—
Natriumbicarbonat	2,20	zersetzt	—
Natriumchlorid	2,163	800	—
Kaliumchlorid	1,984	770	—

Bei der Wahl des anorganischen Füllstoffes ist es von Bedeutung, daß die Zersetzung und Verdampfung desselben erst in der Nähe der Sintertemperatur oder kurz unterhalb derselben erfolgen soll, da andernfalls der Zusatzstoff bereits bei der eigentlichen Sinterung verdampft ist und somit nicht seine Aufgabe erfüllen kann, die Poren während der Temperaturbehandlung offen zu halten.

Der anorganische Füllstoff wird bei diesem Verfahren meist in Form des festen, feinkörnig gepulverten, wasserfreien Salzes hinzugegeben und nicht durch Tränkung mit einer wäßrigen Salzlösung. Selbstverständlich muß der Füllstoff innig mit der pulverförmigen metallischen Grundkomponente des Filters gemischt werden — z. B. durch gemeinsames Vermahlen —, um eine gleichmäßige und innige Verteilung zu erreichen.

In Tabelle 12 ist nach Untersuchungen von G. Viktorin der Einfluß von Zusätzen von Ammoncarbonat auf die Porosität von Sinterkörpern aus Nickel angegeben. Es wurde bei den Versuchen ein relativ feinkörniges Nickelpulver verwendet, welches durch Reduktion von Nickeloxyd mit Wasserstoff bei etwa 800 bis 850° C gewonnen wurde. Seine mittlere Korngröße betrug etwa 5 μ. Eine Agglomeration des Nickelpulvers zum Zwecke der Kornvergröberung (vgl. Kap. 8.30) erfolgte nicht. Das mit dem Füllstoff innig vermischte Nickelpulver

TABELLE 12

Einfluß von Zusätzen an Ammoncarbonat verschiedener Menge auf die Porosität von gesinterten Nickelpreßlingen

(nach G. VIKTORIN)

Menge des Zusatzes an Ammoncarbonat (Gewichts-%)	Dichte des Sinterkörpers g/cm³	Porosität des Sinterkörpers %
0	4,94	43,6
5	4,55	48,4
8	4,12	53,1
10	3,93	55,3
15	3,57	59,4
20	3,18	63,8

wurde mit einem spezifischen Druck von 2 t/cm² zu plattenförmigen Preßlingen von etwa 3 mm Stärke verpreßt. Gesintert wurde bei einer Temperatur von 750 bis 800° C in einer Schutzgasatmosphäre aus Wasserstoff. Eine Erhöhung der Sintertemperatur hatte nur eine relativ geringe Erniedrigung der Porosität zur Folge.

In Abb. 15 ist die Porosität von Sinterkörpern aus Nickel (Sintertemperatur etwa 800° C) in Abhängigkeit von der zugesetzten Menge an Ammoncarbonat (gewichtsmäßig) dargestellt.

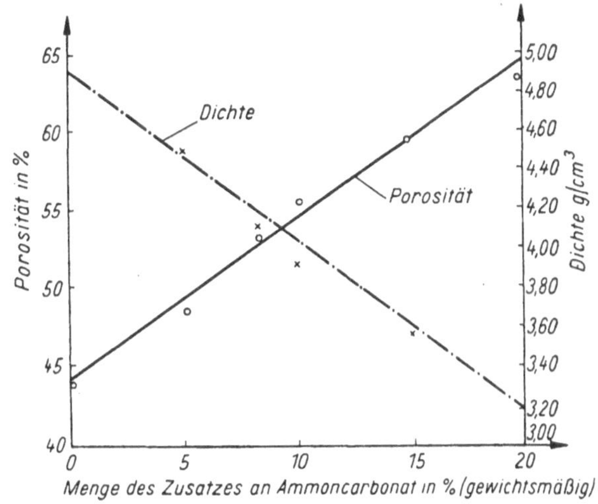

Abb. 15. Abhängigkeit der Porosität von Nickelsinterkörpern vom Gehalt an Füllstoff (Ammoncarbonat)

4.30 *Zugabe von Beimengungen, die sich bei der Sinterung teilweise zersetzen und teilweise verdampfen*

Eine neuartige Maßnahme der Offenhaltung der Poren bei der Sinterung von Metallkörpern, die technisch im VÚPM-Vestec u Prahy in größerem Umfang angewendet wurde und die eine Anzahl von wesentlichen Vorzügen gegenüber dem unter 4.20 beschriebenen Verfahren besitzt, beruht auf folgenden Gedankengängen[42] (vgl. čsl. pat. přihl. P 688 — 51 — C. Agte und G. Viktorin).

Es wird statt eines Füllstoffes, der vollständig bei der Sinterung verdampft, wie z. B. Ammoncarbonat, zum metallischen Grundmetall des Filterkörpers ein wasserlösliches Metallsalz hinzugegeben, welches sich bei der Sintertemperatur zersetzt, wie etwa ein Chlorid, Nitrat, Sulfat, Carbonat, Oxalat usw. Dabei kann die metallische Komponente des Metallsalzes von der gleichen, aber auch von einer anderen Art sein als das Grundmetall. Ist die metallische Komponente des Salzes von anderer Art als das Grundmetall, dann muß sie sich mit diesem legieren oder feste Lösungen bilden können.

Der Vorgang ist z. B. gekennzeichnet durch:

$$\mathrm{Me}_x\,\mathrm{Cl}_y = x\,\mathrm{Me}\ \text{(diffundiert in das Grundmetall)} \\ + y\,\mathrm{Cl}\ \text{(verflüchtigt sich).}$$

Der sich verflüchtigende Anteil des Metallsalzes (Anion) dient der Offenhaltung der Poren, der zurückbleibende Anteil (Kation) der Festigkeitserhöhung des Sinterkörpers. Wird als Kation des Metallsalzes ein Metall benutzt, welches gegenüber dem metallischen Grundmetall des Filterkörpers einen niedrigen Schmelzpunkt besitzt (z. B. $CuCl_2$ — Salz und Grundmetall Fe), dann erfolgt eine Legierungsbildung zwischen dem Metall des Salzes und dem Grundmetall durch Diffusion schon bei niedrigen Temperaturen (z. B. wenn die Temperatur 1100°C beträgt, schmilzt das Kation des Salzes bereits bei der Sintertemperatur). Bei dem beschriebenen Verfahren ist zu berücksichtigen, daß die Sinterung und natürlich auch die Zersetzung des Metallsalzes in reduzierender Atmosphäre (Wasserstoff) erfolgt.

Die hier beschriebene Erscheinung der Diffusion des Kations des Metallsalzes entspricht in gewisser Beziehung dem sogenannten „Coating" von Metallpulvern, wie es auch technisch bei der Herstellung von Bronzefiltern benutzt wird. So werden z. B. nach C. G. GOETZEL[5], Treatise on Powder Metallurgy, 1949, Bd. II, New York, Kupferkörner kugelförmiger Gestalt mit einem Überzug aus Zinn elektrolytisch versehen oder mit anderen Bindern mechanisch „gecoatet". Auch diese Maßnahme dient der Festigkeitserhöhung des Sinterkörpers.

Die Zugabe des Zusatzsalzes erfolgt zweckmäßig durch Tränken des metallischen Grundmetalls des Filters mit einer wäßrigen Lösung des Salzes. Hierdurch läßt sich eine überaus innige Verteilung des Salzes im Grundmetall erreichen, wie es im besonderen bei der Erzeugung feinporiger Filter günstig ist. Ist das Kation des Metallsalzes von der gleichen Art wie das Grundmetall des Filters, dann kann man das Grundmetall nach einem Vorschlag von J. HRUŠKA mit einer der Salzmenge entsprechenden äquivalenten Menge einer Säure (Anion, z. B. HCl) behandeln. Man erzeugt also praktisch das Salz durch die Behandlung des Grundmetalls mit einer Säure. Dieses Verfahren hat jedoch, wie die Erfahrung gezeigt hat, gewisse Nachteile, die darin bestehen, daß das so behandelte Grundmetallpulver leicht bei seiner Weiterverarbeitung (Fe) rostet.

Im VÚPM-Vestec u Prahy sind die verschiedensten Kombinationen Grundmetall-Metallsalz untersucht worden, so z. B. die Tränkung von Eisen mit $FeCl_3 \cdot 6\,H_2O$ und mit $CuCl_2 \cdot 2\,H_2O$, die Tränkung von Nickel mit $NiCl_2 \cdot 6\,H_2O$ und $CuCl_2 \cdot 2\,H_2O$, von Bronze mit $CuCl_2 \cdot 2\,H_2O$, von nichtrostenden Stählen mit $NiCl_2 \cdot 6\,H_2O$ und vieles andere mehr, wobei die ersten grundlegenden Versuche von C. AGTE und G. VIKTORIN ausgeführt wurden. Die spätere betriebliche Vertiefung des Verfahrens wurde im besonderen von K. OCETEK in systematischer Weise vorgenommen.

Im folgenden werden in tabellarischer Form eine Reihe von Beispielen für das „Tränkungsverfahren mit zersetzbaren Metallsalzen" gebracht (Tabellen 13 bis 20). In allen Fällen ist die Menge an zugesetztem Metallsalz auf die prozentuale Menge seines Metallgehaltes berechnet.

Aus den Tabellen 13 bis 20 geht hervor, daß durch den Zusatz eines Metallsalzes, welches sich beim Sintern zersetzt und dessen Anion verdampft, während das Kation sich mit dem Grundmetall des Filters legiert, die Porosität und Durchlässigkeit von Metallfiltern erheblich erhöht wird, wie dies an einem Beispiel (siehe Tabelle 13) auch graphisch in Abb. 16 dargestellt ist.

Die Abhängigkeit der Porosität und der Durchlässigkeit von der Menge des Zusatzes an Metallsalz ist im Beispiel der Abb. 16 nahezu eine lineare. Es ist zu erkennen, in welcher einfachen technischen Weise durch das hier beschriebene Verfahren Porosität und Durchlässigkeit von Metallfiltern beeinflußt werden können. Von Bedeutung ist aber auch, daß, wie im Kapitel 8.70 näher ausgeführt werden wird, nach dem Verfahren besonders feinporige Metallfilter hoher Durchlässigkeit hergestellt werden können, die sich außerdem durch eine sehr bemerkenswerte Festigkeit auszeichnen.

TABELLE 13

Einfluß von Zusätzen an $NiCl_2 \cdot 6\,H_2O$ auf Porosität und Durchlässigkeit von Nickelfiltern

Korngröße des Nickelpulvers unter 0,06 mm, Sintertemperatur: 1. Stufe 900° C, 2. Stufe 1100° C

Gehalt an $NiCl_2 \cdot 6\,H_2O$ in % (berechnet auf Me-Gehalt)	spezifischer Preßdruck in t/cm²	Dichte des Sinterkörpers in g/cm³	Porosität des Sinterkörpers in %	Durchlässigkeit gegen Wasser bei 4 atü in cm³/min/cm²
3	1	4,84	45,0	370
5		4,59	47,8	515
7,5		4,31	51,0	660
10		3,95	55,1	970
3	1,5	4,93	44,0	225
5		4,70	46,6	325
7,5		4,44	49,5	420
10		4,29	51,2	540
3	2	5,24	40,4	130
5		5,09	42,1	185
7,5		4,78	45,6	280
10		4,57	47,4	370

TABELLE 14

Einfluß von Zusätzen an $NiCl_2 \cdot 6\,H_2O$ auf Porosität und Durchlässigkeit von Nickelfiltern

Korngröße des Nickelpulvers 0,06 bis 0,10 mm, Sintertemperatur: 1. Stufe 900° C, 2. Stufe 1100° C.

Gehalt an $NiCl_2 \cdot 6\,H_2O$ ber. auf Me-Gehalt	spezifischer Preßdruck t/cm²	Dichte des Sinterkörpers in g/cm³	Porosität des Sinterkörpers in %	Durchlässigkeit gegen Wasser bei 4 at in cm³/min/cm²
3	1	4,62	47,5	600
5		4,40	49,9	645
7,5		4,17	52,9	725
10		3,78	57,0	775
3	1,5	4,98	43,3	380
5		4,74	46,2	400
7,5		4,48	49,1	530
10		4,06	53,6	605
3	2	5,53	39,4	195
5		5,08	42,2	205
7,5		4,74	46,1	290
10		4,39	50,1	353

(plattenförmige Filterkörper von 3 mm Stärke)

Aus den Tabellen 13 bis 20 ist auch der Einfluß einer ganzen Zahl anderer Bedingungen, die mit der Herstellung, den Abmessungen des Filters und der Art des zu filternden Mediums zu tun haben, wie z. B. Preßdruck, Korngröße des Ausgangsmetallpulvers, Stärke des Filters, Viskosität der zu filtrierenden Flüssigkeit usw. Auf diese Einflüsse wird in anderen Abschnitten dieses Buches näher eingegangen werden.

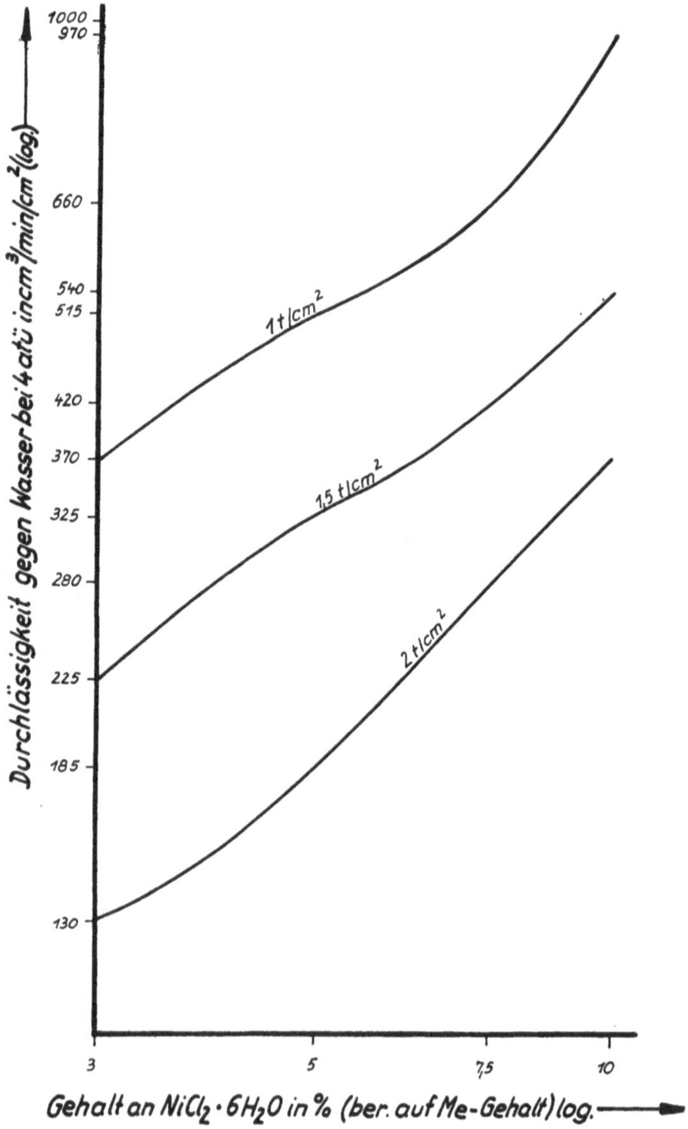

Abb. 16. Abhängigkeit der Porosität und Durchlässigkeit von Nickelfiltern von der Menge des Zusatzes an Metallsalz ($NiCl_2 \cdot 6\,H_2O$)

TABELLE 15

Einfluß von Zusätzen an $FeCl_3 \cdot 6\,H_2O$ auf die Porosität und Durchlässigkeit von DPG-Fe-Filtern

Kornfraktion 0,06 bis 0,10 mm, spezifischer Preßdruck 3 t/cm², Sintertemperatur: 1. Stufe 800 bis 900° C, 2. Stufe 1275 bis 1300° C

Gehalt an $FeCl_3 \cdot 6\,H_2O$ % ber. auf Me-Gehalt	Dichte des Sinterkörpers in g/cm³	Porosität des Sinterkörpers in %	Durchlässigkeit gegen Naphtha bei 1 atü in cm³/min/cm²
3	4,39	43,0	420
5	4,05	47,7	580
8	3,45	55,0	875
10	3,13	59,0	1540

(rohrförmige Filterkörper 14 bis 10 mm ∅)

TABELLE 16

Einfluß von Zusätzen an $FeCl_3 \cdot 6\,H_2O$ auf die Porosität und Durchlässigkeit von DPG-Fe-Filtern

Kornfraktion 0,06 bis 0,10 mm, spezifischer Preßdruck 3 t/cm², Sintertemperatur: 1. Stufe 800 bis 900° C, 2. Stufe 1275 bis 1300° C

Gehalt an $FeCl_3 \cdot 6\,H_2O$ in % (ber. auf Me-Gehalt	Dichte des Sinterkörpers gepreßt in g/cm³	Dichte des Sinterkörpers gesint. in g/cm³	Porosität in %	Durchlässigkeit gegen Naphtha bei 0,5 atü in cm³/min/cm²
3	4,43	4,29	44,2	215
5	4,28	4,06	47,2	360
7,5	4,00	3,55	53,9	660
10	3,77	3,22	58,0	1000

(rohrförmige Filterkörper 18/14 mm ∅)

TABELLE 17

Einfluß eines $FeCl_3 \cdot 6\,H_2O$-Zusatzes bei verschiedenen Kornfraktionen von DPG-Fe-Filtern mit verschiedener Stärke

Preßdruck 2 t/cm², Sintertemperatur 1275 bis 1300° C

Kornfraktion in mm ber. auf Me-Gehalt)	$FeCl_3 \cdot 6\,H_2O$ in %	Filterstärke in mm	Durchlässigkeit gegen Naphtha bei 0,5 atü in cm³/min/cm²
0,06 bis 0,10	3	2	200
		3	190
0.06 bis 0,10	5	2	350
		3	250
0,10 bis 0,15	5	2	428
		3	327
0,15 bis 0,20	5	2	930
		3	680

TABELLE 18

Einfluß von Zusätzen an $CuCl_2 \cdot 2H_2O$ auf die Porosität und Durchlässigkeit von Nickelfiltern

Korngröße des Ausgangspulvers etwa 5 μ, Sintertemperatur 800°C

Gehalt an $CuCl_2 \cdot 2H_2O$ (auf den Metallgehalt gerechnet) in %	Preßdruck in t/cm²	Dichte in g/cm³	Durchlässigkeit gegen Wasser bei atü von 0,5	1	0,5	Naphtha 1
			in cm³/min/cm²			
10	1	3,9	22	45	3,5	7
	2	4,9	14	30	2,0	4
15	1	3,7	42	80	5,0	10
	2	4,1	18	35	2,5	4,5
20	1	3,4	45	90	8,0	15
	2	3,5	22	40	3,0	5,5

TABELLE 19

Einfluß von Zusätzen an $CuCl_2 \cdot 2H_2O$ auf die Durchlässigkeit bei Bronzefiltern

(nach Messungen von G. VIKTORIN)

Plattenförmige Filter von 3 mm Stärke, Sintertemperatur 700°C

Art des Filters	Gehalt an $CuCl_2 \cdot 2H_2O$ (auf den Metallgehalt gerechnet) in %	spez. Preßdruck in t/cm²	Dichte in g/cm³	Durchlässigkeit gegen Naphtha bei atü von 0,5	1,0
				in cm³/min/cm²	
fein	5	1	5,0	5	10
	10	2	4,3	6	13
mittel	10	1	4,0	12	25
	20	2	3,5	10	22
grob	20	1	3,4	23	48
	30	2	2,9	25	50

TABELLE 20

Einfluß des Zusatzes an $CuCl_2 \cdot 2H_2O$ auf die Durchlässigkeit bei Nickelfiltern

(nach Messungen von G. VIKTORIN)

Art des Filters	Gehalt an $CuCl_2 \cdot 2H_2O$ (auf den Metallgehalt gerechnet) in %	spez. Preßdruck in t/cm²	Dichte in g/cm³	Durchlässigkeit gegen Naphtha bei atü von 0,5	1,0
				in cm³/min/cm²	
fein	15	1,2	4,4	5	11
	20	1,5	3,5	7	13
mittel	15	1	4,3	10	20
	20	2	3,8	8	15
grob	30	1	3,0	25	50
	30	1,5	3,4	13	25

5.00 Methoden zur Messung der Filtereigenschaften

Für die Qualität eines Filters sind, abgesehen von den technologischen Eigenschaften, wie z. B. Härte, Zug-, Druck-, Biege- und Scherfestigkeit sowie Dehnung einerseits und den chemischen Eigenschaften, wie vor allem Korrosionswiderstand gegenüber Luft, Wasser, Säuren und Laugen andererseits, wichtig und von Bedeutung:

1. Die Gesamtporosität P eines Filters, die sich aus der „äußeren" Porosität P_1 und der „inneren" Porosität P_2 zusammensetzt (vgl. 2.10),
2. die Durchlässigkeit des Filters gegenüber Flüssigkeiten und gegenüber Gasen (auch Luft) (vgl. 2.50),
3. die wirksame Porengröße eines Filters, die auch als „Filtergrad" bezeichnet wird, und worunter der größte mittlere Durchmesser der aus dem Filtrat durch das Filter nicht entfernten Verunreinigungen zu verstehen ist (vgl. 2.40) und
4. die von uns vorgeschlagene „Filterwirksamkeit", die wir als das Verhältnis von Filterdurchlässigkeit zum Filtergrad bzw. zum wirksamen Porenquerschnitt definiert haben (vgl. 2.60).

Auf eine Beschreibung der Methoden zur Messung der technologischen und der chemischen Eigenschaften von Filtern wird im folgenden nicht näher eingegangen, da sie in allen einschlägigen Lehrbüchern enthalten sind.

5.10 *Porosität*

Die Bestimmung der Gesamtporosität P gehört zu den üblichen Testprüfungen, die an pulvermetallurgisch hergestellten Sinterprodukten laufend durchgeführt werden. Bei Körpern relativ einfacher Form, wie Platten, Zylindern, Rohren usw., kann man in sehr roher, aber einfacher Weise die Dichte s_2 eines Sinterkörpers aus seinem Gewicht G_1 (Wägung an Luft) und seinem Volumen V_f (Messung der Abmessungen) bestimmen.

$$s_2 = \frac{G_1}{V_f}. \tag{12}$$

Hat der Körper eine unregelmäßige Gestalt, so kann das Volumen unter Umständen auch sehr roh dadurch ermittelt werden, daß man mißt, um welchen Betrag eine in einem kalibrierten Rohr enthaltene Flüssigkeit beim Eintauchen des mit einem wasserdichten Überzug versehenen Körpers ansteigt.

Genauer jedoch ist es und häufiger angewendet wird die Bestimmung der Dichte s_2 aus dem Gewichtsverlust, welcher der Sinterkörper beim Eintauchen in Wasser oder in eine andere Flüssigkeit, z. B. Xylol, erfährt.

$$s_2 = \frac{G_1}{G_1 - G_2}, \tag{13}$$

wobei G_1 das Gewicht an Luft, G_2 das Gewicht unter Wasser ist.

Bei genauen Wägungen nach der „Auftriebsmethode" muß das Gewicht des Drahtes oder Fadens, an welchem der Körper während der Wägung aufgehängt wird, bzw. sein Gewichtsverlust unter Wasser berücksichtigt werden.

Voraussetzung bei den Wägungen unter Wasser ist, daß dieses nicht in den Sinterkörper eindringen kann. Zu diesem Zweck wird der poröse Sinterkörper mit einer dünnen Lackschicht (z. B. Zaponlack) bestrichen, deren Schichtdicke äußerst gering ist und durch die das Gewicht des Körpers nicht nennenswert verändert wird. Diese dünne Lackschicht schützt den Sinterkörper vor dem Eindringen der Flüssigkeit.

Aus einem Vergleich der Dichte des Sinterkörpers s_2 zur Dichte des kompakten Materials s_1 läßt sich dann die Gesamtporosität P errechnen (vgl. 2.10).

Die Ermittlung der „äußeren", d. h. leicht zugänglichen Porosität P_1 erfolgt dadurch, daß die Gewichtszunahme bestimmt wird, die der ungeschützte Sinterkörper beim Eintauchen in ein dünnflüssiges Öl von bekanntem spezifischem Gewicht s_3 erfährt (Absaugen der Luft ist zweckmäßig). Das Volumen des von außen in den Sinterkörper eindringenden Öls, durch welches die Luft aus den Poren verdrängt wird, errechnet sich dann zu

$$V_p = \frac{G_3 - G_1}{s_3}, \tag{14}$$

wobei G_1 = Gewicht des Sinterkörpers an Luft, G_2 = Gewicht des mit Öl vollgesaugten Sinterkörpers, $G_3 - G_1$ = Gewichtszunahme durch das eingedrungene Öl und V_p = Volumen, welches das eingedrungene Öl einnimmt, ist.

Die äußere Porosität errechnet sich aus

$$P_1 = \frac{V_p - V_k}{V_p} \cdot 100,$$

worin V_k das Volumen des kompakten Körpers ist (zu berechnen aus $V_k = G_1/s_1$, worin s_1 die Dichte des kompakten Körpers ist). Die Differenz zwischen der Gesamtporosität P und der „äußeren" Porosität P_1 ergibt dann die „innere" Porosität P_2.

Beispiel:

$G_1 = 20{,}3875$ g, $G_2 = 16{,}2606$ g, $G_3 = 24{,}9918$ g;
$s_3 = 1{,}18$ g/cm³;
$G_3 - G_1 = 4{,}6043$ g; $V = 4{,}6043/1{,}18 = 3{,}902$ cm³;
$V_k = 21{,}5207/7{,}86 = 2{,}738$ cm³ ($s_1 = 7{,}86$ g/cm³);
$p_1 = (3{,}902 - 2{,}738)/3{,}902 \cdot 100 = 29{,}7\%$;
$s_2 = 20{,}3875/(20{,}3875 - 16{,}2606) = 4{,}94$ g/cm³;
$P = (7{,}86 - 4{,}94)/7{,}86 \cdot 100 = 37{,}2\%$;
$P_2 = 37{,}2 - 29{,}7 = 7{,}5\%$.

Im vorliegenden Falle sind somit etwa 20% aller Poren „geschlossen", etwa 80% dagegen offen.

Das Verhältnis der inneren zur Gesamtporosität schwankt bei metallischen Filterkörpern sehr stark, und zwar je nach der Art des Filters, den bei seiner Herstellung angewendeten Bedingungen und seinen Abmessungen.

5.20 *Durchlässigkeit eines Filters*

5.21 *gegenüber Flüssigkeiten*

Die Bestimmung der Durchlässigkeit eines metallischen Filters gegenüber Flüssigkeiten erfolgt dadurch, daß eine Flüssigkeit (z. B. Wasser) mit einem konstanten Überdruck (z. B. 0,5 oder 1,0 atü) durch ein fest eingespanntes Filter — z. B. eine Scheibe oder ein zylindrisches Rohr — hindurchgedrückt wird. Die in der Zeiteinheit (z. B. in einer Minute) durch das Filter hindurchgehende Flüssigkeitsmenge wird durch Auffangen in einem geeichten Meßzylinder bestimmt. Diese Flüssigkeitsmenge wird auf ein 1 cm² Filterfläche bezogen (bei unseren Versuchen arbeiteten wir in der Regel bei plattenförmigen Filtern der Einfachheit halber mit einer Filterfläche von 1 cm²). Die von uns verwendete Prüfapparatur ist in Abb. 17 schematisch dargestellt. Das Filter ist fest und mit Gummi abgedichtet so eingespannt, daß eine bestimmte, meist 1 cm² große Filterfläche frei bleibt.

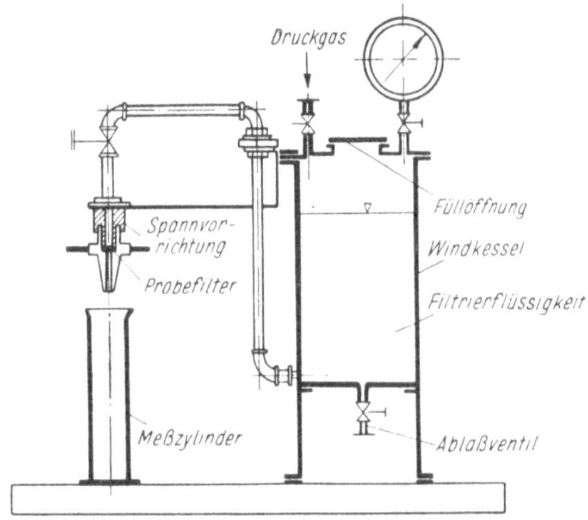

Abb. 17. Prüfapparatur zur Bestimmung der Durchlässigkeit von metallischen Filtern gegenüber Flüssigkeiten bei nicht zu hohen Überdrucken

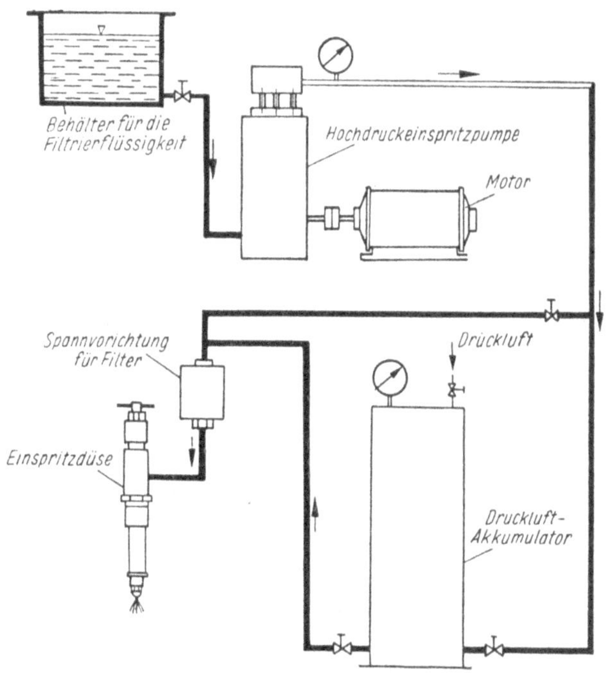

Abb. 18. Prüfapparatur zur Bestimmung der Durchlässigkeit von metallischen Filtern gegenüber Flüssigkeiten bei hohen Überdrucken (bis zu 150 atü) — schematisch

Die Prüfung der Durchlässigkeit erfolgt zweckmäßig unter denselben Bedingungen, unter denen praktisch gearbeitet werden soll oder unter Bedingungen, die diesen möglichst nahe kommen (Art der zu filtrierenden Flüssigkeit, Überdruck, Form des Filterkörpers, gegebenenfalls auch Temperatur der Filtrierflüssigkeit usw.). Bei hohen Überdrucken arbeiteten wir mit der in Abb. 18 dargestellten Apparatur, z. B. in solchen Fällen, wo das zu prüfende Filter in die Druckleitung beim Einspritzen von Naphtha unter hohem Druck in Dieselmotoren eingebaut werden soll.

An gebrauchten Filtern läßt sich leicht durch Vergleich mit ungebrauchten Ausgangsfiltern das Nachlassen der Filterfähigkeit infolge Verstopfung der Poren feststellen. Auch kann die Wirkung der Regeneration der Filter (Beseitigung der Verstopfung) in einfacher Weise geprüft werden.

5.22 *gegenüber Gasen:*

Eine geeignete Prüfapparatur beschreibt Balshin. Bei dieser Prüfapparatur wird der Sinterkörper in Form einer Büchse von der Stirnseite her mit einer Klammer zusammengedrückt und in einen wassergefüllten Meßzylinder eingebracht. Von der Stirnseite her wird das Gas (Luft) in die Büchse eingeführt. Die Luft tritt durch die Poren des Filters hindurch und verdrängt das Wasser aus dem Meßzylinder. Die Luftmenge, welche in der Zeiteinheit (z. B. in einer Minute) durch die Poren der Büchse hindurchtritt, gibt ein Maß für die Gasdurchlässigkeit des Filters.

5.30 *Filtergrad bzw. wirksame Porengröße*

Als „Filtergrad" ist der kleinste mittlere Durchmesser oder auch Querschnitt derjenigen Verunreinigungen einer Flüssigkeit oder eines Gases zu bezeichnen, der von einem Filter gerade eben noch zurückgehalten wird. Dieser ist abhängig von dem größten Querschnitt, den die im Filter vorhandenen durchgehenden Poren haben. Es sind nun die Poren eines Filterkörpers keineswegs alle von der gleichen Größe, sondern statistisch um einen Mittelwert der Porengröße verteilt. Dies bedeutet, daß — je nach Zufall — neben sehr feinen Verunreinigungen auch etwas größere durch das Filter hindurchgehen können. Wenn man also exakt und in quantitativer Weise den „Filtergrad" bestimmen will, dann ist es notwendig, die Kornverteilung der Verunreinigungen vor und nach der Filtrierung der Flüssigkeit oder des Gases zu ermitteln. Die Breite der Kornverteilung der Verunreinigungen im filtrierten Medium wird um so kleiner sein, je gleichmäßiger das Filter hinsichtlich Porengröße ist, wobei selbstverständlich nur die durchgehenden Poren eine Rolle spielen.

Die Bestimmung des „Filtergrades" kann auf verschiedene Weise erfolgen.

1. Man stellt die Korngröße und die Korngrößenverteilung fest, welche die Verunreinigungen vor und nach der Filtrierung haben, und zwar dadurch, daß die unfiltrierte und die filtrierte Flüssigkeit durch ein sehr feinporiges, analytisches Papierfilter, welches mit Sicherheit Verunreinigungen unter 0,5 μ zurückhält (z. B. Blaubandfilter, Schleicher und Schüll), filtriert wird. Beim Filtrieren muß dafür gesorgt werden, daß keine Verunreinigungen an den Wänden des Fülltrichters haftenbleiben. Man kann dies dadurch erreichen, daß man konische Trichter verwendet, die verchromt und poliert sind.

Die von dem Blaubandfilter zurückgehaltenen Verunreinigungen werden in bezug auf Korngröße und Korngrößenverteilung ausgezählt und ausgemessen.

Nach einem Vorschlag des „Ústav pro výzkum motorových vozidel", Praha-Libeň, geschieht dies in der Weise, daß die jeweils auf zwei zueinander senkrecht stehenden Zonen (Breite 0,5 mm) vorhandenen Verunreinigungen nach ihrer Zahl und Größe ausgezählt werden, wie es Abb. 19 zeigt. Auf diese Weise kann, wenn die Filterfläche bekannt ist und wenn eine gleichmäßige Verteilung der auf der Filterfläche abgesetzten Verunreinigungen vorausgesetzt wird, die Gesamtmenge der Verunreinigungen in einer bestimmten Menge der Filterflüssigkeit — z. B. 50 cm³ Naphtha — ihre Korngröße und Kornverteilung festgestellt werden.

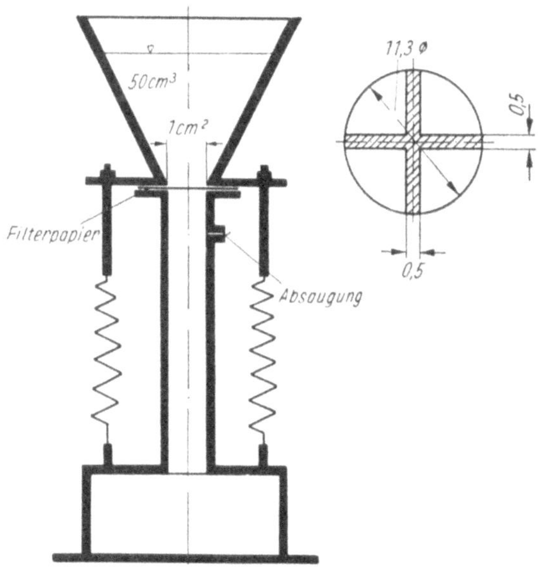

Abb. 19. Gerät zur Bestimmung der Korngrößenverteilung der von Filtern zurückgehaltenen Verunreinigungen aus Naphtha nach Verfahren des ÚVMV-Praha-Libeň (schematisch)

In Tabelle 21 ist hierfür ein Beispiel angegeben. Es handelt sich um die Korngrößenverteilung der Verunreinigungen in 50 cm³ handelsüblicher Naphtha. Es wurde untersucht die Korngrößenverteilung der Verunreinigungen:

a) vor dem Filtrieren (Ausgangsflüssigkeit),

b) nach dem Filtrieren durch ein besonders präpariertes Zellulosefilter, welches als Vorfilter bei der Reinigung von Naphtha in Dieselfahrzeugen benutzt wird[7] (vgl. B. MIMRA, Strojírenství, 3, 1953, S. 722),

c) nach dem Filtrieren durch ein Metallfilter (feinporiges DPG-Fe-Filter, Korngröße des Ausgangspulvers 0,06 bis 0,15 mm, Zusatz von 5% $FeCl_3 \cdot 6\,H_2O$), welches als Endfilter bei der Reinigung von Naphtha in Dieselfahrzeugen benutzt wird und eine ungefähre Durchlässigkeit von 650 cm³/min/cm² bei 0,5 atü zeigt.

Wie man aus den Zahlenwerten der Tabelle 21 ersehen kann, werden im Falle des als Vorfilter dienenden Zellulosefilters alle Verunreinigungen, die über 9 μ liegen, im Falle des Metallfilters alle Verunreinigungen über 3 μ zurückgehalten. Unter Zugrundelegung der Filterfläche (Anteil des Meßkreuzes an der Filterfläche 11%) ergibt die Rechnung, daß das Zellulosefilter gewichtsmäßig die in der Naphtha vorhandenen Fremdstoffe zu etwa 82%, das wesentlich wirksamere Metallfilter dagegen zu etwa 98% zurückhält.

2. Eine weitere Methode zur ungefähren Bestimmung des „Filtergrades", wie sie im VÚPM-Vestec u Prahy ausgearbeitet wurde, ist mehr qualitativer Art. Sie beruht darauf, daß zu einer klaren Flüssigkeit (z. B. Wasser) absichtlich Verunreinigungen bestimmter, möglichst gleichmäßiger Korngröße hinzugegeben

TABELLE 21

Bestimmung der wirksamen Porengröße von Filtern durch Messung der Korngrößenverteilung von in Naphtha enthaltenen Verunreinigungen vor und nach dem Filtrieren durch Zellulose- bzw. Metallfilter

(Messungen des ÚVMV-Praha-Libeň)

Art des Filters bzw. Zustand desselben	Korngrößenverteilung in μ (ausgemessene Zahl der Verunreinigungen im Meßkreuz) Größe														
	1	2	3	4	5	6	7	8	9	10	12	14	16	18	20
unfiltrierte Naphtha (Ausgangszustand)	248	346	195	57	55	30	17	28	12	31	32	20	8	4	3
Naphtha abfiltriert durch ein besonders präpariertes Zellulosefilter (Vorfilter)	141	264	167	43	31	28	13	9	5	5	2				
Naphtha, abfiltriert durch feinporiges DPG-Fe-Filter (Endfilter)	204	129	46	6	3	1	1								

werden, so daß eine wäßrige Suspension entsteht. Man filtriert dann die Suspension und beobachtet, z. B. durch Verschwinden der Trübung des Filtrats, ob die zugesetzten Verunreinigungen entfernt wurden und in welchem Umfange. Mit Hilfe von nephelometrischen, photometrischen oder kolometrischen Verfahren kann unter Umständen die Methode auch quantitativ gestaltet werden. Bei feinporigen metallischen Filtern eignet sich als Verunreinigung von definierter Korngröße besonders gut Wolframmetall oder Pulver der gelben und

TABELLE 22

Bestimmung des „Filtergrades" durch Zugabe absichtlicher Verunreinigungen zur Filtrierflüssigkeit (Wasser) definierter Korngröße

(mittlere Korngröße: W-Pulver = ca. 2 μ, gelbe WO_3 = 1 μ, weiße WO_3 = 0,5 μ)

Ausgangskorngröße des DPG-Fe-Filters mm	Zusatz an $FeCl_3 \cdot 6H_2O$ % (ber. auf Me-Gehalt)	Verhalten des Filters bei Zusatz von		
		W-Pulver 2 μ	gelbe WO_3 1 μ	weiße WO_3 0,5 μ
0,06—0,10	3	vollständig entfernt		
0,06—0,10	5	vollständig entfernt		
0,10—0,15	5	vollständig entfernt		schwach weiße Trübung
0,15—0,20	5	entfernt	schwache Trübung	starke Trübung

weißen Modifikation der Wolframsäure (Dyhydrat $WO_3 \cdot 2\,H_2O$ bzw. Monohydrat $WO_3 \cdot H_2O$). Auf diese Weise gelingt es ziemlich leicht, sich einen Überblick bei feinporigen Filtern über den wirksamen Porendurchmesser der Filter bzw. über deren „Filtergrade“ zu verschaffen.

In Tabelle 22 ist hierfür ein Beispiel angegeben. Verwendet wurden verschiedene DPG-Fe-Filter mit unterschiedlichen Korngrößen des Ausgangspulvers sowie mit Zusätzen von 3 bzw. 5% $FeCl_3 \cdot 6\,H_2O$ (Menge berechnet auf den Metallgehalt), die mit 1 t/cm² spezifischem Druck gepreßt und bei 1275 bis 1300° C gesintert wurden.

Aus der Tabelle 22 ist ersichtlich, daß die nach dem in diesem Buch beschriebenen Verfahren hergestellten feinporigen DPG-Fe-Filter einen sehr guten „Filtergrad“ zeigen, also in der Lage sind, Verunreinigungen von wenigen μ vollständig und quantitativ aus der zu filtrierenden Flüssigkeit zu entfernen.

6.00 Verfahren zur Herstellung von metallischen Filtern

Die Verfahren, die technisch zur Herstellung von metallischen Filtern zur Anwendung kommen, sind abhängig von dem Verwendungszweck, dem die Metallfilter dienen sollen und den Anforderungen, die an dieselben gestellt werden. Im besonderen ist die Porengröße, die das Filter haben soll, von Bedeutung für die Wahl des zur Herstellung der Filter zu benutzenden Verfahrens. Ferner kommt es wesentlich darauf an, welche Abmessungen das Metallfilter haben soll und wie groß im besonderen seine Stärke ist.

Die zur Herstellung von porösen Metallfiltern verwendeten Verfahren sind sämtlich pulvermetallurgischer Art und müssen es auch sein. Wir wollen im folgenden drei verschiedene Verfahren besprechen, die sich in wesentlichen Merkmalen voneinander unterscheiden, und zwar

1. das „klassische" pulvermetallurgische Verfahren des Pressens und Sinterns von Metallpulvern;
2. das Sintern von in Formen geschütteten und gerüttelten Metallpulvern;
3. das direkte Verwalzen von Metallpulvern zu porösen Bändern, Folien usw. und anschließendes Sintern derselben.

6.10 „*Klassisches*" *pulvermetallurgisches Verfahren*

Das klassische pulvermetallurgische Herstellungsverfahren besteht darin, daß das zur Filterherstellung benutzte Metallpulver mit nicht zu hohen spezifischen Drucken zu Preßlingen verpreßt wird, welche dann während einer bestimmten Dauer zur Festigkeitserhöhung der Körper einer Temperaturbehandlung (bei etwa 0,7 bis 0,8 T_s) — Sinterung — unterworfen werden. Wie im Kapitel 9.00 im einzelnen gezeigt werden wird, haben Korngröße und Korngestalt des Ausgangsmetallpulvers, Preßdruck, Sintertemperatur, Sinterdauer u. a. m. einen Einfluß auf die Porosität, die Porengröße, die Durchlässigkeit und auf die mechanisch technologischen Eigenschaften des Sinterkörpers. Ebenfalls von bedeutendem Einfluß auf die Durchlässigkeit und Porengröße ist die Art und Menge des Füllstoffes, der — wenn auch nicht immer, so doch häufig — dem Metallpulver vor dem Pressen in fester Form zugemischt oder zwecks besserer Verteilung desselben im Grundmetall durch Tränkung mit einer wäßrigen Salzlösung hinzugegeben wird. Dabei kann es (vgl. Kap. 4.00) sich um Zusatzstoffe handeln, die entweder bei der Sinterung verdampfen (4.20) oder die sich dabei zersetzen und teilweise verdampfen (4.30), wodurch eine Offenhaltung der Poren bei der Temperaturbehandlung erreicht wird. Der Ablauf des bei der Herstellung von Metallfiltern benutzten klassischen pulvermetallurgischen Verfahrens und seiner verschiedenen Stadien ist in Abb. 20 schematisch dargestellt.

Ausgangsmetallpulver (Metall, Metallmischung Metallegierung) → Zerlegung des Pulvers in bestimmte Kornfraktionen (Siebung, Windsichtung usw.) → Auswahl der für das Filter geeigneten Kornfraktion

↓

eventuelle Nachbehandlung des Metallpulvers (Nachreduktion, Agglomeration von feineren Pulvern zu gröberen usw.) → eventuelle Zugabe eines Füllstoffes durch Zumischung in fester Form oder durch Tränkung mit einem wasserlöslichen Salz (Trocknung)

↓

Pressen des Metallpulvers mit nicht zu hohen Drucken in Preßform (bei Massenherstellung Verwendung von automatischarbeitenden Pressen) → eventuelles Vorsintern zwecks Zersetzung oder Verdampfung des Füllstoffes bei nicht zu hohen Temperaturen

↓

Hochsintern oder auch einmaliges Sintern bei höheren Temperaturen → eventuelle Nachbearbeitung des gesinterten Filterkörpers durch Kalibrieren, Abgraten, mechanische Bearbeitung und dgl.

↓

Kontrolle des Filterkörpers auf Festigkeit, Porosität, Durchlässigkeit, Porengröße usw. → gegebenenfalls Zusammenbau kleinerer Filterkörper zu größeren Einheiten

↓

Einbau der Filterkörper in das Filteraggregat

Abb. 20.
Erzeugung von Metallfiltern nach dem klassischen pulvermetallurgischen Verfahren

Bei dem klassischen pulvermetallurgischen Verfahren geht man nach Möglichkeit von Metallpulvern kugelförmiger Korngestalt aus. Es werden jedoch, wie bereits erwähnt wurde, in der Literatur (im besonderen von amerikanischer Seite) auch Fälle angegeben, bei denen das Ausgangsmetallpulver keine kugelförmige Gestalt besitzt. Es ist klar, daß aber bei Verwendung von Metallpulvern nichtkugelförmiger Korngestalt damit gerechnet werden muß, daß man unter vergleichbaren Herstellungsbedingungen (vor allem Preßdruck und Sintertemperatur) Sinterkörper geringerer Porosität und Durchlässigkeit erhalten wird, als wenn man von kugelförmigen Metallpulvern ausgehen würde.

Zur Herstellung von Filterkörpern definierter Durchlässigkeit sowie Porengröße ist es notwendig, das Metallpulver in Kornfraktionen zu zerlegen, so daß das Korn jeder Kornfraktion annähernd gleichmäßig ist. Im allgemeinen verwendet man hierzu die Siebung, da es sich bei der Filterherstellung meist um Metallpulver handelt, deren Korngröße über 0,06 mm liegt. In der Technik sind folgende Kornfraktionen üblich: unter 0,06 mm, 0,06 bis 0,10 mm, 0,10 bis 0,15 mm, 0,10 bis 0,20 mm und 0,20 bis 0,30 mm, gegebenenfalls auch 0,30 bis 0,40 mm. Über diese Korngröße hinaus wird in der Regel das unter 6,20 genannte Verfahren des Sinterns von in Formen geschütteten nichtgepreßten Metallpulvern verwendet. Je nach der gewählten Kornfraktion erhält man, wie in Kapitel 9.00 im einzelnen beschrieben ist, Sinterkörper größerer oder feinerer Porengröße und höherer oder niedrigerer Durchlässigkeit. Verwendet man Metallpulver unter 0,06 mm Korngröße, was jedoch in der Filterherstellung nur dann vorkommt, wenn Filterkörper kleiner Durchlässigkeit, aber feinster Porengröße erzeugt werden sollen, dann ist es möglich, eine Trennung in feinste Kornfraktionen durch Windsichtung vorzunehmen, z. B. in Kornfraktionen von 1 bis 5 μ, 5 bis 20 μ und 20 bis 60 μ.

Nicht immer, aber manchmal ist es notwendig, das Metallpulver einer Nachbehandlung zu unterziehen. Mit der Nachbehandlung von Metallpulvern können verschiedene Wirkungen beabsichtigt werden.

a) Entfernung von Sauerstoff-, Gasresten oder Oxydschichten (falls diese mit Wasserstoff reduzierbar sind) durch Ausglühen der Metallpulver in einem Schutzgas (z. B. Wasserstoff) bei Temperaturen, bei denen noch nicht ein Zusammenfritten der Körner zu größeren Agglomeraten erfolgt. Zweck dieser Maßnahme ist die Verbesserung der Preß- und Sinterfähigkeit durch Entfernung von Zwischen- oder Fremdschichten, welche ein Zusammensintern der einzelnen Körper erschweren, mit dem Ziel, gleichmäßige Filterkörper herzustellen.

b) In den Fällen, wo Metallpulver durch das Herstellungsverfahren nur in feiner Korngröße anfallen, was z. B. in der Regel bei der Reduktion von Oxyden oder Salzen mit Wasserstoff der Fall ist, ist es häufig notwendig, das Metallpulver vor der weiteren Verarbeitung zu vergröbern, um zu Filterkörpern höherer Durchlässigkeit zu gelangen. Im VÚPM-Vestec ist hierfür ein Verfahren ausgearbeitet worden, dessen Anwendung im einzelnen im Kapitel 8.00 (Filterwerkstoffe) beschrieben werden wird. Das Verfahren beruht darauf, daß das Pulver einer Erhitzung auf höhere Temperaturen im Wasserstoffstrom unterworfen wird, wobei die einzelnen Körner zu größeren Agglomeraten zusammenfritten. Diese Agglomerate, welche eine Anhäufung von zahlreichen Primärkristallen zu einem Sekundärkorn darstellen, werden vorsichtig zerrieben, so daß eine gegenüber dem Ausgangskorn größere Korngröße des Pulveragglomerates bestehen bleibt. Das Verfahren wurde im einzelnen von uns verwendet bei der Herstellung von Filtern aus Nickel und Schwermetallcarbiden.

Die Metallpulver werden dann mitunter zwecks besserer Wirksamkeit des Filters mit Füllstoffen versehen, die der Offenhaltung der Poren dienen (vgl. Kap. 4.00). Wird dabei das Metallpulver mit einer wäßrigen Salzlösung getränkt, dann ist das getränkte Produkt unter ständigem Umrühren einzudampfen und danach sorgfältig zu trocknen, so daß jeder Wassergehalt restlos entfernt wird. Dies ist notwendig, um eine Oxydation des Metallpulvers zu vermeiden und eine spätere innere Korrosion des Sinterkörpers auszuschließen.

Bei dem klassischen pulvermetallurgischen Verfahren wird das Metallpulver im Rohzustand oder nach Nachbehandlung desselben oder nach Zugabe des Füllstoffes in Preßformen bei nicht zu hohen spezifischen Drucken gepreßt. Nur in Ausnahmefällen kommen spezifische Drucke von mehr als 3 t/cm^2 in Betracht (meist verwendet man spezifische Preßdrucke von nur 0,5 bis 2 t/cm^2). Die Preßtechnik ist von entscheidender Bedeutung für die Möglichkeit, mehr oder weniger komplizierte Formen der Filterkörper herzustellen. Im folgenden wird an einem Beispiel das Pressen rohrförmiger Filterkörper beschrieben. Hierzu kann die in Abb. 21 schematisch dargestellte Preßform verwendet werden.

Es handelt sich dabei um eine Preßform mit abgefedertem Käfig, aus welcher mittels des Unterstempels der Preßteil nach dem Pressen herausgestoßen werden kann. Das Einfüllen des Pulvers (geschieht bei Massenherstellung automatisch) erfolgt in den Hohlraum zwischen dem Käfig und dem unteren Preßdorn.

Bei derartigen Formkörpern, wie z. B. Rohren, die eine verhältnismäßig große Höhe haben, ist eine aus der pulvermetallurgischen Technik wichtige Erscheinung zu beachten, wie sie u. a. in der letzten Zeit von J. VACEK[65], Hutnické listy, 1954, VII, an Preßlingen aus zähen, mittelharten und spröden Materialien eingehend untersucht worden ist. Es handelt sich dabei um die Frage des Druckverlaufes in einem höheren, einseitig oder zweiseitig gepreßten Körper. Bekanntlich ist der Druckverlauf in Preßkörpern größerer Höhe nicht gleichmäßig, so daß sich eine ungleichmäßige Dichteverteilung im Preßling ergibt. Bei einseitigem Pressen, d. h. von oben her durch den Preßstempel, nimmt die Dichte des Preßlings nach unten zu ständig ab. Wird zweiseitig gepreßt, was bei Rohren durch Abfederung der Matrize immer geschehen sollte, dann ergibt sich in der Mitte des Preßlings eine Zone niedriger Dichte, während der obere und der untere Teil des Preßlings weniger porös sind. In Tabelle 23 ist hierfür ein Beispiel angegeben. Es bezieht sich auf rohrförmige Filter 16/10 mm ∅ und 20 mm Höhe aus DPG-Fe-Pulver der Kornfraktion 0,06 bis 0,10 mm, getränkt mit 3% $FeCl_3 \cdot 6H_2O$ (berechnet auf den Metallgehalt), die mit 3 t/cm² gepreßt und bei 1275° C während einer halben Stunde gesintert wurden.

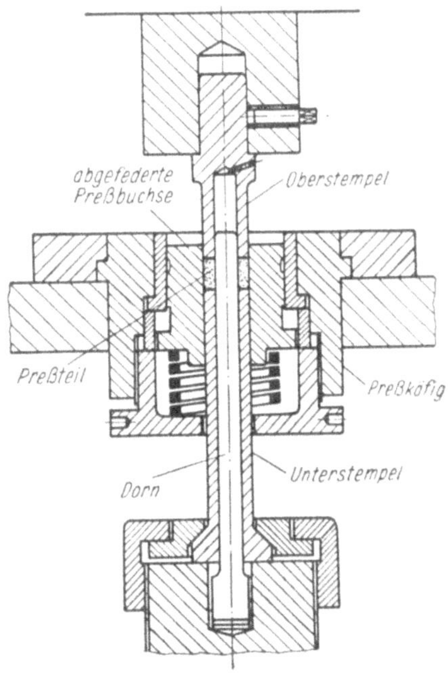

Abb. 21. Preßform zum Pressen rohrförmiger Filterkörper

Wegen dieser, im vorliegenden Fall allerdings nicht sehr großen Dichteunterschiede ist es notwendig, keine zu großen Höhen der Preßlinge zu verwenden, da dadurch auch bei zweiseitigem Pressen die Bildung einer porösen Zone in der Mitte des Preßlings unvermeidbar ist. Diese mittlere Zone zeigt dann gegenüber der oberen und unteren Zone eine höhere Durchlässigkeit gegenüber dem zu filtrierenden Medium. Das Filter ist also nicht mehr vollständig gleichmäßig, was aber für den Verwendungszweck nachteilig ist, da von dem Filter gefordert wird, daß es in allen Teilen die gleiche Porosität und die gleiche Porengröße besitzt. Aus diesem Grunde ist es häufig notwendig, verschiedene Einzelkörper kleinerer Höhe zu größeren Einheiten zusammenzusetzen, wobei gut isolierende Zwischenschichten, z. B. Gummi- oder Igelitdichtungen usw., benutzt werden. Man kann aber auch eine Zusammensinterung der Einzelkörper zu einem größeren Stück durch eine Wärmebehandlung erzwingen. Diese Sinterung kann dadurch unterstützt werden, daß die Sitzfläche bei Filtern, z. B. aus DPG-Eisen, verkupfert werden, wobei eine bevorzugte Diffusion an den Verbindungsstellen bei der Sinterung erfolgt. Im übrigen bietet die Technik der Herstellung von Filtern preßtechnisch und verbindungstechnisch nichts wesentlich Neues gegenüber der sonst aus der Pulvermetallurgie bekannten Arbeitsweise.

Eines der wichtigsten Stadien des Prozesses der Filterherstellung ist die Sinterung derselben, durch welche dem Filterkörper die erforderliche Festigkeit

TABELLE 23

Verteilung der Porosität in rohrförmigen Filterkörpern aus DPG-Fe-Pulver größerer Höhe

Probe Nr.:	Preßteil:	Dichte in g/cm³	Porosität in %
I	oben Mitte unten	3,98 3,91 4,05	48,3 49,2 47,3
II	oben Mitte unten	4,18 4,07 4,15	45,8 47,2 46,1

verliehen werden soll. Dabei ist es das Bestreben, die Porosität durch die Temperaturbehandlung nicht oder nur wenig zu vermindern und die Poren offen zu halten. Die Porosität läßt sich ziemlich gut bei solchen Preßlingen beibehalten, welche aus kugelförmigen Pulvern angefertigt werden. Die Offenhaltung der Poren läßt sich erzwingen durch Zusatz von verdampf- oder zersetzbaren Füllmitteln. Werden Füllstoffe benutzt, die durch Temperatureinwirkung sich zersetzen und teilweise verdampfen, wie dies bei den Versuchsarbeiten des VÚPM-Vestec in größerem Umfang geschah, dann kann es zweckmäßig sein, die Temperaturbehandlung in zwei Stadien durchzuführen. Das erste Stadium stellt eine Sinterung bei niederen Temperaturen dar. Dabei zersetzt sich der Füllstoff (Metallsalz). Das Anion des Metallsalzes (Cl·, NO_3·, SO_4··, usw.) verflüchtigt sich gasförmig; das Kation (Metall) legiert sich mit dem Grundmetall des Filters, wenn es verschiedener Art ist, oder diffundiert in dasselbe (gleiches Metall). Die Sinterung bei niederen Temperaturen muß angewendet werden, wenn sich der Füllstoff schon bei niederen Temperaturen zersetzt. Hat er dagegen eine höhere Zersetzungstemperatur, dann ist es nicht notwendig, die Sinterung in zwei verschiedenen Stadien durchzuführen. Es genügt dann eine einmalige (End-) Sinterung, durch welche der Filterkörper seine filtertechnischen und technologischen Eigenschaften endgültig erhält. Die Endsinterung muß bei solchen Temperaturen und solchen Sinterdauern vorgenommen werden, daß eine möglichst hohe Festigkeit des Sinterkörpers erreicht wird, ohne daß die für die Filtertechnik wichtige Porosität und Durchlässigkeit erheblich beeinträchtigt werden.

Trotzdem es sich bei Filtern um Sinterkörper mehr oder weniger größerer Porosität handelt, läßt sich eine Formänderung des gesinterten Materials innerhalb gewisser Grenzen durchführen. So sind z. B. dünne Filter schwach biegsam.

Die Sinterkörper lassen sich mechanisch bearbeiten, schwach formen usw. Es ist dies wichtig, wenn der Filterkörper formgenau in das Filteraggregat eingebaut werden soll. Eine derartige mechanische Nachbearbeitung oder eine Kalibrierung hat jedoch den Nachteil, daß die Poren an der Oberfläche des Filterkörpers verschmiert werden können. Aus diesem Grunde soll eine mechanische Nachbearbeitung sich nur auf die Sitzflächen des Filters beziehen, die nicht unmittelbar der Filterung dienen.

6.20 *Sintern von Pulvern, die lose in Formen geschüttet werden*

Das klassische pulvermetallurgische Verfahren findet seine hauptsächlichste Anwendung dann, wenn Filterkörper erzeugt werden sollen, die bei nicht zu großer Durchlässigkeit eine mehr oder weniger große Feinporigkeit aufweisen sollen. Solche Fälle sind von hoher praktischer Bedeutung, z. B. wenn es sich um die Entfernung von Verunreinigungen aus der Filterflüssigkeit handelt, die kleiner als 5 bis 8 μ sind. Es ist dies z. B. bei der Reinigung von Naphtha in Dieselfahrzeugen der Fall.

In der Technik wird jedoch häufig verlangt, daß der Filterkörper sehr große Mengen an Flüssigkeit in der Zeiteinheit durchläßt, wobei an den „Filtergrad" (mittlerer Porenquerschnitt) nicht so große Anforderungen gestellt werden. Typische technische Anwendungsfälle hierfür sind: Reinigung von Benzin, Schmierölen, chemischen Lösungen usw. Dabei wird in erster Linie eine Zurückhaltung von mechanischen Verunreinigungen über 10 bis 20 μ Korngröße angestrebt. In solchen Fällen bedient man sich für die Herstellung von Filtern des im folgenden beschriebenen Verfahrens.

Es werden Metallpulver von meist größerer Korngröße (in der Regel von 0,2 bis 0,8 mm) lose in Formen eingeschüttet und zwecks besserer Ausfüllung der Hohlräume in diesen Formen gerüttelt. Über den bei Metallpulvern durch einfache Packung bzw. durch Rütteln theoretisch möglichen kleinsten Porositätsgrad liegen verschiedene Untersuchungen vor. R. MEDAU und E. STACH[66], Berichte des Reichskohlerates 1933, C 56, stellten fest, daß durch systematische Lagerung von Kugeln gleicher Größe aufeinander theoretisch eine minimale Porosität von etwa 30% erreicht werden kann. In Wirklichkeit wird man aber niemals mit so niedrigen Porositäten rechnen können, da bei der Lagerung von Kugeln u. a. die bekannte „Brückenbildung" unvermeidbar ist. Die Körper haben daher nach ihrer Sinterung meist eine Porosität, die wesentlich über 30% hinausgeht und bis zu 70% gehen kann. Nach L. G. GRATON und H. J. FRAZER[67] (J. Geol. Chicago, 43, 1935, S. 910) werden besonders große Porositäten dann erreicht, wenn absolut gleiche Kugeln benutzt werden. Sind die Kugeln von ungleichmäßiger Größe, sind also neben größeren auch mehr oder weniger kleinere Kugeln vorhanden, dann treten durch Einlagerung der kleineren in die Hohlräume zwischen den größeren in der Praxis niedrigere Porositäten auf, die indessen im vorliegenden Falle, wo es sich um die Erzielung hoher Durchlässigkeiten des Filters handelt, nicht erwünscht sind.

Es ist daher zunächst eine technisch wichtige Aufgabe, Metallpulver von idealer kugelförmiger Gestalt *und* möglichst gleichmäßiger Korngröße im Gebiet von 0,20 bis 0,80 mm ⌀ zu erzielen. Die im VÚPM-Vestec in diesem Zusammenhang entwickelten Verfahren sind im Kapitel 3.40 beschrieben worden. Sie beruhen auf der mechanischen Zerkleinerung von Spänen oder Drähten in einer Kreuzschlagmühle nach einem für diesen Zweck speziell ausgebildeten Verfahren.

Metallpulver der oben gekennzeichneten Art werden lose in die Form eingeschüttet, in denen sie später gesintert werden sollen. Wird das Metallpulver zwecks besserer Verdichtung und Ausfüllung der Hohlräume gerüttelt, so genügt hierfür eine relativ kurze Zeit. Es ist z. B. bekannt, daß bei der Bestimmung des Klopfvolumens von Pulvern schon nach wenigen Minuten (max 3 bis 5 Minuten) — vgl. C. J. LEADBEATER[68] (zitiert bei C. AGTE, M. PETRDLIK, Vlastuostí kovových prášků a jejich meřemi, Naklad. techn. liter., Praha, 1950) — eine dichteste Packung der Pulver erzielt werden kann.

In Tabelle 24 sind die Dichten von kugelförmigen Eisenpulvern verschiedener Korngröße angegeben, die beim Einschütten sowie beim Rütteln erzielt werden können.

TABELLE 24

Schütt- und Rütteldichte von kugeligem Metallpulver verschiedener Korngröße

Kornfraktion in mm	Dichte geschüttet (in g/cm³)	Dichte gerüttelt (in g/cm³)	Porosität geschüttet (in %)	Porosität gerüttelt (in %)
0,20 bis 0,30	4,49	4,91	42,4	37,0
0,30 bis 0,40	4,55	4,89	41,6	37,4
0,40 bis 0,50	4,42	4,82	43,3	38,2
0,50 bis 0,60	4,48	4,72	42,5	39,5

Die geringen Unterschiede zwischen der Schütt- und Rütteldichte, die zwischen 5 bis 10% betragen, lassen erkennen, daß die Rundheit der Körner sehr gut gewesen sein muß. Dies geht auch daraus hervor, daß die Dichte der nur geschütteten Körner bereits sehr hoch liegt, wobei zu berücksichtigen ist, daß eine Brückenbildung nicht vollständig unvermeidbar ist.

Die geschütteten oder gerüttelten, also nicht gepreßten Metallpulver werden dann einer Temperaturbehandlung (Sinterung) unterworfen, wobei, um überhaupt zu zusammenhaltenden Körpern zu gelangen, die Sinterung in Formen durchgeführt werden muß. Hieraus ergibt sich die technische Aufgabe, Formen zu entwickeln und zu benutzen, welche bei den Sintertemperaturen nicht nur absolut formbeständig sein müssen, sondern die auch mit dem Metallpulver nicht reagieren dürfen. Nach Untersuchungen des VÚPM-Vestec haben sich hierfür anorganische, meist oxydische Materialien als am geeignetsten, als beste jedoch keramische Formen erwiesen. Bei Herstellung rohrförmiger Filterkörper bestand der äußere Teil der Form aus einem dichten Spezialschamottematerial (hergestellt aus feinsten Fraktionen). Der innere Kern, der nach der Sinterung meist zerstört werden muß, bestand aus feinkörnigem, mit einem organischen Bindemittel getränktem, nachträglich gepreßtem, aber nicht weiter wärmebehandeltem Aluminiumoxyd.

In Tabelle 25 ist die Porosität und Durchlässigkeit von Filterkörpern aus Stahl angegeben, die bei Sintertemperaturen zwischen 1300 bis 1350° C hergestellt worden waren.

Wie man aus den Zahlenwerten der Tabelle 25 ersehen kann, lassen sich nach diesem Verfahren Sinterkörper einer sehr hohen Durchlässigkeit erreichen, wobei die Porosität weniger und die Durchlässigkeit stark mit der Korngröße des Ausgangspulvers zunimmt.

Es ist natürlich möglich, genauso, wie es bei dem klassischen pulvermetallurgischen Verfahren beschrieben wurde, die Festigkeit des Sinterkörpers und seine

TABELLE 25

Porosität und Durchlässigkeit von Sinterkörpern, hergestellt durch Sinterung loser, geschütteter kugelförmiger Pulver aus Stahl

Kornfraktion mm	Dichte in g/cm³	Porosität in %	Durchlässigkeit gegen Naphtha bei 0,2 atü in cm³/min/cm²
0,20—0,30	4,59—4,69	38,3—39,7	735—770
0,30—0,40	4,48—4,52	40,6—41,0	880—925
0,40—0,50	4,41—4,49	40,9—41,2	905—990
0,50—0,60	4,26—4,35	42,8—43,9	990—1035
0,60—0,70	4,32—4,38	42,3—43,1	1050—1100

technischen Filtereigenschaften auch bei diesem Verfahren durch bestimmte Maßnahmen zu beeinflussen. Ohne auf diese Frage näher einzugehen, sei darauf verwiesen, daß zu diesen Maßnahmen gehören:

a) Zugabe von Füllstoffen, die unter Zersetzung teilweise verdampfen (vgl. Kap. 4.20). Dabei handelt es sich um eine Maßnahme, die vor allem der Festigkeitserhöhung des Filterkörpers dient.

b) Verwendung des „Coatingverfahrens", wobei die Körner des Grundstoffes des Filters mit einem dünnen Überzug eines zäheren und niedriger schmelzenden Metalles (z. B. auf elektrolytischem Wege) versehen werden. Dabei tritt eine Diffusion des gecoateten Überzuges in die Grundkomponente ein, unter Erhöhung der Festigkeit des Sinterkörpers und unter mehr oder weniger großer Verkleinerung der Porengröße.

Es ist natürlich von hoher technischer Bedeutung, in welchem Verhältnis die erzielbare Porengröße zu der Korngröße des Ausgangskornes steht. Zu dieser wichtigen Frage, durch die technisch die definierte Herstellung von Filtern verschiedenen „Filtergrades" (Porengröße) bewirkt wird, äußern wir uns im Kapitel 11.00.

6.30 *Sonderverfahren zur Herstellung dünner poröser Bänder*

Wenn es sich um die Herstellung dünner Bleche oder Bänder für Filter- oder andere Zwecke, also poröser Art, handelt, kann ein Sonderherstellungsverfahren angewendet werden, welches gleichfalls seiner Art nach als pulvermetallurgisch bezeichnet werden muß.

Das Verfahren beruht darauf, daß mehr oder weniger feinkörniges Metallpulver direkt zu Bändern verwalzt wird und daß die meist noch spröden porösen Bänder einer nachfolgenden Wärmebehandlung (Sinterung) unterworfen werden.

Eine weitere Verfestigung der Bänder ist durch nachfolgendes Verwalzen der gesinterten Produkte möglich, welches mehrmals unter Einschaltung von Zwischenglühungen bis zur Erstellung des Endproduktes wiederholt werden kann. Das Verfahren beruht auf einer grundlegenden Arbeit von G. NAESER und F. ZINN[69] (Stahl und Eisen 71, 1951). Es wurde in der Folge im besonderen durch die Mannesmann GmbH in Düsseldorf und durch andere Firmen verbessert und betriebsreif gemacht.

Die spezielle Anwendung des hier geschilderten Verfahrens auf poröse Werkstoffe mit Filtereigenschaften ist jedoch unseres Wissens erstmalig im VÚPM-Vestec u Prahy in systematischer Weise durchgeführt worden.

Das Verfahren gestaltet sich folgendermaßen:

Aus einem Trichter wird lotrecht oder schräg von oben her das Metallpulver oder eine Metallpulvermischung einem Walzspalt kontinuierlich zugeführt. Zwei sich gegenläufig drehende Walzen, welche auf einen der gewünschten Stärke des Bandes entsprechenden Walzspalt eingestellt sind, nehmen das zugeführte Pulver mit und verfilzen dasselbe zu porösen Bändern ziemlich gleichmäßiger Stärke. Die erzielbare Porosität des Bandes ist dabei abhängig von der Größe, Verteilung und Gestalt des Kornes sowie von dem auftretenden Walzdruck. Die Porosität beträgt unter den üblichen Bedingungen 50 bis 60% und mehr. Die zunächst noch ziemlich spröden Bänder werden dann einem Sinterprozeß unterworfen. Da man aus wirtschaftlichen Gründen einen kontinuierlichen Herstellungsvorgang anstrebt, also den Sinterofen meist unmittelbar hinter dem Walzstuhl anordnet, muß kurzzeitig, d.h. in 10 bis 60 Sekunden, gesintert werden. Dies macht jedoch die Anwendung von sehr hohen Sintertemperaturen erforderlich, um auf diese Weise schon zu zusammenhängenden Bändern zu gelangen. Die anzuwendende Sintertemperatur liegt dabei bei etwa 0,8 bis 0,9 T_s. Nach dem Sintern kann das poröse, immer noch etwas spröde Band einer oder mehreren Walzoperationen unterworfen werden. Durch diese darf aber nur eine schwache Querschnittsreduktion bewirkt werden. Der Vorgang kann beliebig oft, eventuell unter Einschaltung von Zwischenglühungen, die in der Nähe der aufgewendeten ersten Sintertemperatur, also bei etwa 0,8 bis 0,9 T_s, liegen, je nach der gewünschten Endporosität des Produktes wiederholt werden. Im Endeffekt erzielt man poröse Bänder, die bei den meisten Metallen so duktil sind, daß sie sich um einen Radius von 50 bis 80 mm ohne Schwierigkeiten biegen lassen, wenn die Stärke nicht größer als 2 mm beträgt.

Das Verfahren ist schematisch in Abb. 22 dargestellt.

Im Hinblick darauf, daß dünne poröse Bänder durch dieses Erzeugungsverfahren erzielt werden sollen, die gegenüber Flüssigkeiten und eventuell auch Gasen relativ durchlässig sind, ist keine zu starke Verfestigung und Durcharbeitung des Bandes durch das Walzen und Sintern vorzunehmen. Es genügt häufig ein einmaliges Nachwalzen des gesinterten Bandes mit einem Walzstich von etwa 10% Querschnittsabnahme, um noch ein Band ausreichender Porosität zu erhalten. Wie schon erwähnt, werden in der Praxis Bleche bzw. Bänder von mehr als 50% Porosität angestrebt. Die erzielbare Porosität ist natürlich weitgehend abhängig von der Duktilität des Metallpulvers. In der Praxis kommen Blechstärken in Betracht, die zwischen 0,25 bis 1,00 mm Stärke liegen. Dabei ist die maximal erzielbare Stärke des Bandes abhängig vom Durchmesser der benutzten Walzen.

In Tabelle 26 geben wir das Ergebnis einiger Versuche wieder, die bei der Herstellung von porösen Bändern aus Silber erreicht wurden. Als Ausgangspulver wurde Silberpulver von 5 bis 10 μ Korngröße benutzt, welches durch Ausfällen aus Silbersalzen gewonnen wurde. Um zu Bändern hoher Porosität zu gelangen, ist es zweckmäßig, Silberpulver zu verwenden, welches noch etwas sauerstoffhaltig ist. Die Oxydhäute auf den Silberkörnern verhindern ein zu starkes Zusammensintern bei der Wärmebehandlung. Der Sauerstoffgehalt des Silberpulvers läßt sich entweder durch eine entsprechende Lenkung des Fällungsprozesses oder unter Umständen durch eine nachträgliche Anoxydation des gefällten Pulvers erreichen. Die Walzgeschwindigkeit betrug 2 bis 3 m/min, die Bandstärke etwa 0,4 bis 0,5 mm, wobei der Durchmesser beider Walzen 70 mm betrug. Die durch das Walzen des Silberpulvers gewonnenen Bänder wurden bei diesen Versuchen, bei denen auf eine kontinuierliche Arbeitsweise verzichtet wurde, bei 350 bis 450° C für die Dauer von 10 bis 20 Minuten an Luft gesintert.

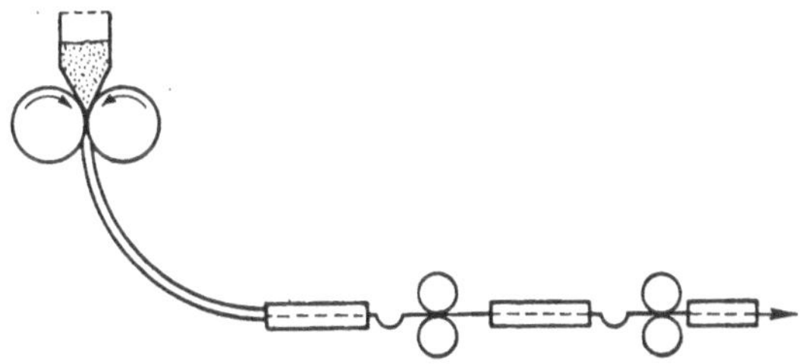

Abb. 22. Schema der Herstellung von endlosen Bändern durch direktes Verwalzen von Pulvern (nach G. Naeser u. F. Zirm)

TABELLE 26

Eigenschaften von porösen Silberbändern, hergestellt durch direktes Verwalzen von Silberpulver

(nach Versuchen von A. Čtvotník)

Dichte der aus Pulver kalt gewalzten Bänder g/cm³	Sinter-temperatur °C	Dichte des gesinterten Bandes g/cm³	Porosität des gesinterten Bandes %
etwa 3,35	350	4,62	56,0
	400	4,81	54,1
	450	5,01	52,3

Das hier beschriebene Verfahren wurde zur Herstellung von Silberplatten für alkalische Kleinstakkumulatoren benutzt, wobei die Platten in Cellophan eingepackt und dadurch vor dem Angriff der alkalischen Flüssigkeit geschützt wurden[47,48] (vgl. DRP 708895 und A. FLEISCHER, J. Elektrochem. Soc., 94, 1948, S. 289). Das Verfahren ist jedoch universeller anwendbar und kommt praktisch bei der Herstellung poröser dünner Platten von 0,10 bis 1,00 mm (evtl. noch etwas stärker) für fast alle Werkstoffe in Betracht.

7.00 Einfluß der Bedingungen beim Filtrierprozeß auf die Durchlässigkeit und Porengröße

Wie im Kapitel 2.00 unter vorwiegend theoretischen Gesichtspunkten erörtert wurde, hängt die Durchlässigkeit von metallischen Filtern von den in Tabelle 4 angegebenen Faktoren ab. Es sind dies im einzelnen:

a) von der Anzahl der durchgehenden Poren (etwa proportional);

b) von der Porengröße der durchgehenden Poren (etwa proportional dem Quadrat des Durchmessers der Poren);

c) von der Stärke des Filters (umgekehrt proportional, sofern die Filterstärke nicht zu groß ist);

d) von dem Filterüberdruck (etwa proportional, sofern keine zu hohen Drucke angewendet werden);

e) von der Filterfläche (proportional);

f) von der Viskosität der Flüssigkeit, wobei sich die Durchlässigkeit mit steigender Viskosität des Filtermediums erniedrigt.

7.10 *Abhängigkeit der Durchlässigkeit von der Filterstärke*

In Abb. 23 ist die Durchlässigkeit in $cm^3/min/cm^2$ Filterfläche von der Filterstärke dargestellt, wobei DPG-Fe-Filter verschiedenen Filtergrades (wirksamer Porengröße) benutzt wurden. Im Fall a) handelt es sich um sehr feinporige Filter (Filtergrad etwa 1 bis 2 μ) und im Falle b) um weniger feinporige Filter (Filtergrad etwa 3 bis 5 μ). Wie man sieht, nimmt die Durchlässigkeit etwa proportional bis zu einer gewissen Filterstärke ab. Darüber hinaus sinkt die Durchlässigkeit viel stärker, als sich aus der Proportionalität der Filterstärke ergibt, da die prozentuale Anzahl der blinden Poren mit der Filterstärke stärker als proportional zunimmt. Technisch bedeutet dies, daß nicht zu starke Filter benutzt werden sollen, sondern nur solche Filterstärken angewendet werden müssen, die aus Festigkeitsgründen notwendig sind. In der Regel werden Filterstärken von 2 bis 3 mm genügen, sofern die Anforderungen an die Porosität und die Durchlässigkeit der Filter nicht zu hoch gestellt werden und nicht mit zu hohem Überdruck gefiltert wird. Die Durchlässigkeit der in Abb. 25 wiedergegebenen Werte beziehen sich auf Wasser als Filtrierflüssigkeit bei einem Filterüberdruck von 1 at.

7.20 *Abhängigkeit der Durchlässigkeit vom Filterüberdruck*

Die Durchlässigkeit metallischer Filter steigt etwa proportional mit dem Filtrierüberdruck, sofern dieser nicht zu hoch ist. Meist kann man eine solche Proportionalität bis zu Überdrucken von 3 bis 4 at bei üblichen Filtern nicht zu großer Stärke als gegeben ansehen. Bei grobporigen Filterkörpern treten die Abweichungen von der Proportionalität früher auf als bei feinporigen.

In Abb. 24 ist die Abhängigkeit der Durchlässigkeit vom Filterüberdruck (bis zu 6 at) von DPG-Fe-Filtern angegeben, wobei als Filtrierflüssigkeit Naphtha benutzt wurde.

Die Untersuchungen erstreckten sich auf

a) sehr feinporige Filter (Korngröße des Ausgangspulvers 0,025 bis 0,045 mm);

b) feinporige Filter (Korngröße des Ausgangspulvers 0,06 bis 0,075 mm);

c) weniger feinporige Filter (Korngröße des Ausgangspulvers 0,06 bis 0,10 mm);

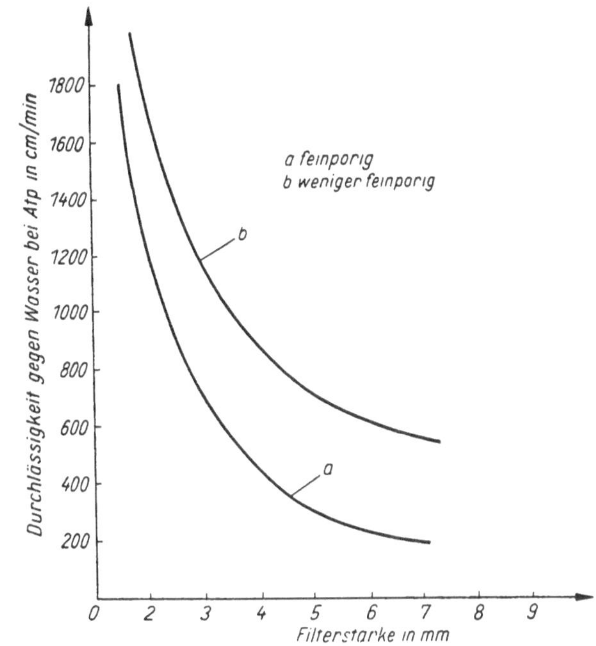

Abb. 23. Abhängigkeit der Durchlässigkeit von der Filterstärke an DPG-Fe-Filtern verschiedenen Filtergrades (Porengröße)

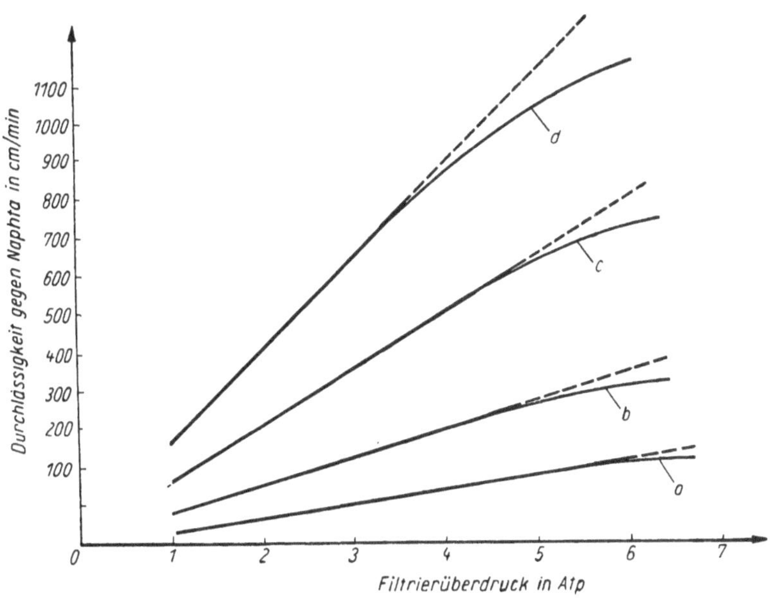

Abb. 24. Abhängigkeit der Durchlässigkeit von DPG-Fe-Filtern verschiedener Porengröße vom Filtrierüberdruck

d) Filter mit mittlerer Porengröße (Korngröße des Ausgangspulvers 0,10 bis 0,20 mm).

In der Praxis kommen, von Ausnahmefällen abgesehen, Filterüberdrucke in Betracht, die von Bruchteilen 1 at bis zu max 4 bis 5 at gehen. Höhere Drucke stellen Sonderfälle dar, die technisch möglichst vermieden werden, um die Filter keiner zu starken mechanischen Beanspruchung auszusetzen.

Als Beispiel für die Filtrierung bei sehr niedrigen Überdrucken von 0,10 bis 0,6 at ist in Tabelle 27 die Durchlässigkeit von DPG-Fe-Filtern aus der Kornfraktion 0,15 bis 0,20 mm, Stärke des Filters 2,5 bis 3 mm, aufgewendeter Preßdruck bei der Erzeugung 1,5 t/cm², Sintertemperatur 1275 bis 1300° C gegenüber Naphtha als Filtrierflüssigkeit angegeben, wobei bei der Herstellung der Filter $FeCl_3 \cdot 6\,H_2O$ in Mengen von 3 bzw. 5% (berechnet auf den Fe-Gehalt) zugegeben wurde.

TABELLE 27

Einfluß eines kleinen Überdruckes auf die Durchlässigkeit von mit Füllstoff versetzten DPG-Fe-Filtern

Überdruck beim Filtrieren in at	Durchlässigkeit gegen Naphtha in cm³/min/cm² bei Anwendung von 3% $FeCl_3$	5% $FeCl_3$
0,1	18	35
0,2	35	60
0,3	50	88
0,4	65	110
0,5	80	140
0,6	100	165

In diesem Druckbereich ist eine strenge Proportionalität zwischen Filtrierüberdruck und Durchlässigkeit (vgl. auch Abb. 25) vorhanden.

Als Beispiel für die Durchlässigkeit gegenüber Gasen ist nach Untersuchungen der B. S. A. Group, Researche Centre[70], Grystone Hall, Sheffield (England), die Abhängigkeit der Luftdurchlässigkeit von Filtern aus nichtrostendem Stahl bei verschiedenen Überdrucken in Abb. 26 dargestellt.

Wie man sieht, ist auch bei der Durchlässigkeit von Gasen, nichtturbulente Strömung vorausgesetzt, eine angenäherte Proportionalität zwischen der Durchlässigkeit und dem Filterüberdruck vorhanden. Mit Erhöhung des Filtrierüberdruckes treten auch bei Gasen stärkere Abweichungen von der Proportionalität auf, ebenso bei Filtern mit gröberen Poren.

7.30 *Einfluß des Filtermediums auf die Durchlässigkeit*

Wie schon erwähnt, hat auch die Art der zu filtrierenden Flüssigkeit und ihre Viskosität einen entscheidenden Einfluß auf die von dem Filterwerkstoff durchgelassene Flüssigkeitsmenge. Die Durchlässigkeit sinkt mit erhöhter Viskosität des Filtermediums. Nach unseren Feststellungen muß man z. B. damit rechnen, daß die Durchlässigkeit von Filtern gegenüber handelsüblicher Naphtha bei Zimmertemperatur nur etwa 1/6 bis 1/7 derjenigen Menge beträgt, welche unter den gleichen Bedingungen das Filter gegenüber Wasser durchläßt.

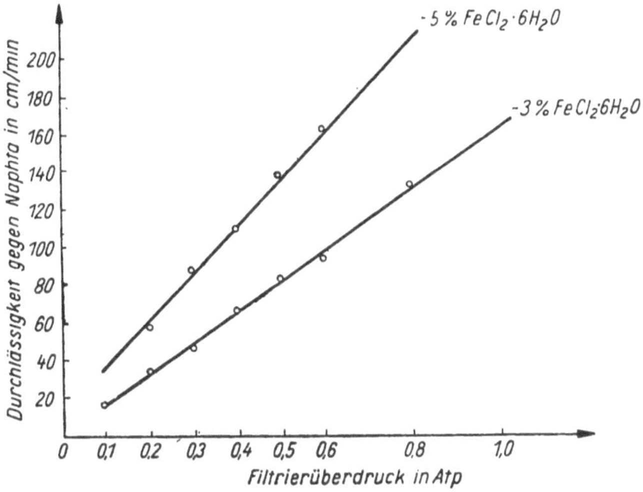

Abb. 25. Einfluß des Filtrierüberdruckes auf die Durchlässigkeit von Metallfiltern

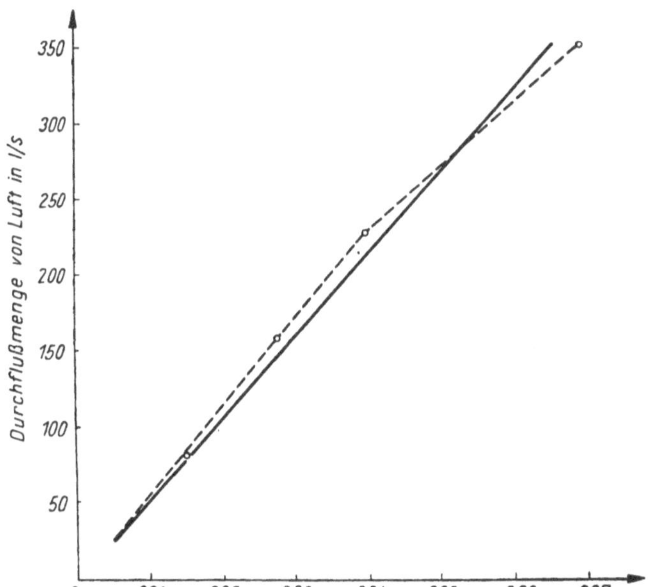

Abb. 26. Durchflußmenge an Luft durch Filter aus nichtrostendem Stahl in Abhängigkeit vom Filterüberdruck (B. S. A. Group, Researche Centre, Greystone Hall)

In dem Prospektmaterial der „Oilite Ltd. Corp." aus dem Jahre 1950[29] werden für Bronzefilter die in Tabelle 28 angegebenen Durchlässigkeiten gegenüber Ölen verschiedenen Viskositätsgrades angegeben.

TABELLE 28

Durchlässigkeiten von Bronzefiltern gegenüber verschiedenen Flüssigkeiten

(nach Angaben der „Oilite Ltd. Corp.")

Art des Filters	Durchlässigkeiten in $cm^3/min/cm^2$ bei 1 at gegen		
	Schweröl	Leichtöl	Wasser
grob	1,3	8,5	172
mittel	0,7	4,6	130
fein	0,3	2,3	80

Die Durchlässigkeit von Bronzefiltern gegenüber Wasser beträgt im Vergleich zu Leichtöl also das 20- bis 30fache, gegenüber Schweröl etwa das 130- bis 250fache.

7.40 *Abhängigkeit der Durchlässigkeit von der wirksamen Porengröße*

Selbstverständlich ist auch die Durchlässigkeit von Filtern abhängig von der wirksamen Porengröße. Dies geht im einzelnen aus Abb. 27 hervor.

Die untersuchten Filter aus DPG-Fe-Pulver waren unter den verschiedensten Bedingungen hergestellt worden, wie z. B. mit verschiedener Korngröße des Ausgangspulvers, unter Variation des Preßdruckes, der Menge an zur Tränkung benutztem Füllstoff ($FeCl_3 \cdot 6\,H_2O$), der Sintertemperatur usw. Sie unterschieden sich in ihrer Porosität nicht erheblich voneinander (mittlere Porosität etwa 40%). Dagegen zeigten sie beträchtliche Unterschiede im Filtergrad, d. h. in der wirksamen Porengröße, die gemessen wurde an der Größe der durch das jeweilige Metallfilter gerade noch hindurchgelassenen Verunreinigungen. Mit steigendem Porenquerschnitt nimmt die Durchlässigkeit der Filter gegenüber dem Flüssigkeitsmedium stark zu, und zwar etwa proportional.

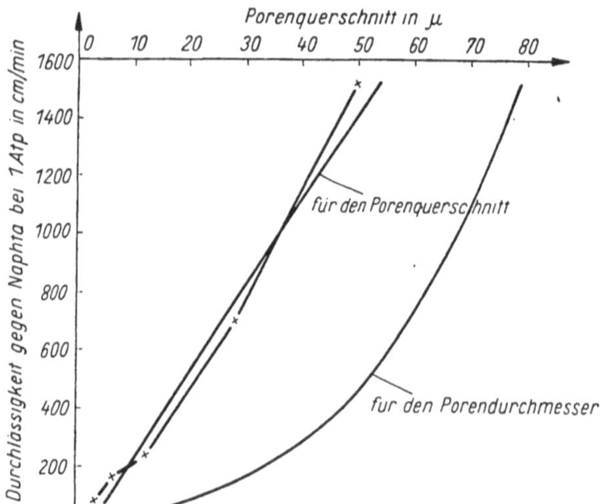

Abb. 27. Durchlässigkeit von DPG-Fe-Filtern annähernd gleicher Porosität in Abhängigkeit von dem wirksamen Porendurchmesser und Porenquerschnitt

8.00 Filterwerkstoffe, die vorzugsweise für die Erzeugung von metallischen Filtern benutzt werden

8.10 *Allgemeines*

Die für die Herstellung von metallischen Filtern in Betracht kommenden und benutzten Werkstoffe sind sehr verschiedenartig. Die Wahl des geeigneten Filterwerkstoffes ist u. a. abhängig von:

1. Der Art des Filtermediums (Flüssigkeit oder Gas). Der Filterwerkstoff muß gegenüber dem jeweiligen Filtermedium (Wasser, Säuren, Laugen, oxydierende Gase usw.) absolut chemisch widerstandsfähig sein und darf von ihm auch bei längerer Benutzung nicht angegriffen werden;
2. der gewünschten Porosität und vor allem Durchlässigkeit des metallischen Filters;
3. der verlangten mittleren Porengröße des Metallfilters bzw. von der Größe der aus dem Filtermedium zu entfernenden Verunreinigungen;
4. den anzuwendenden Filterbedingungen, zu denen u. a. Filtrierüberdruck, Filtriertemperatur usw. zu rechnen sind;
5. der vom Metallfilter verlangten Festigkeit, wobei die Art der Druckeinwirkung (Beanspruchung auf Druck, Zug, Biegung, Scherung usw.) beachtet werden muß;
6. der Form und den Abmessungen, die das Metallfilter haben soll.

Für die sich aus den Punkten 2, 3 und 6 ergebenden Forderungen spielt die Duktilität des Filterwerkstoffes, für die Punkte 4 und 5 die erreichbare Festigkeit des Sinterkörpers unter den verlangten Porenverhältnissen eine wichtige Rolle.

Es wurden bzw. werden bei der Herstellung metallischer Filter vorzugsweise folgende Werkstoffe in der Praxis benutzt:

1. Cu-Sn-Bronzen, im besonderen mit Sn-Gehalten von 8 bis 11%;
2. Cu-Ni bzw. Cu-Ni-Sn-Legierungen (z. B. für die Enteisung von Tragflächen an Flugzeugen) sowie Messing;
3. Silber mit oder ohne kleinen legierungsbildenden Zusätzen (Si, Cd usw.);
4. Nickel;
5. Eisen und nichtlegierter Stahl;
6. nichtrostende und temperaturbeständige Stähle verschiedenster Art und Zusammensetzung;
7. Carbide von Schwermetallen der 4., 5. und 6. Gruppe des periodischen Systems.

In der ersten Zeit der Massenproduktion metallischer Filter hat sich das Interesse vorzugsweise auf Bronzefilter konzentriert (USA, England). Es sind hier vor allem die Produkte der Oilite Ltd. Corp., der General Motors Comp., der Sintered Products Corp. und der Oilite Amplex Division — Chrysler Corp. — zu erwähnen, die unter den Markenbezeichnungen Oilite, Prosint, Porex usw. in den Handel gebracht wurden und die Zinn in Mengen von 5 bis 13% vorzugsweise 8 bis 11% (Rest Kupfer) enthalten.

Später ist man in stärkerem Umfange zu der Erzeugung von metallischen Filtern aus nichtrostenden Stählen der verschiedensten Zusammensetzung übergegangen, so z. B. die Micro Metallic Corp., Brooklyn, N. Y., aber auch einige der oben erwähnten Firmen, die zunächst ausschließlich Bronzefilter hergestellt haben. In diesem Falle steht im Vordergrund die chemische Widerstandsfähigkeit und die Korrosionsbeständigkeit des Filters.

In der ČSR hat sich vorerst das Interesse der Herstellung billigster und leicht erhältlicher Filterwerkstoffe, im besonderen aus DPG-Eisenpulver zugewendet, für die ein Massenbedarf bei der Erzeugung von Filtern für Treib- und Schmierstoffe vorliegt.

Neben den genannten Filterwerkstoffen treten bisher alle anderen in bezug auf den Umfang ihrer Anwendung weit zurück. Es handelt sich bei den anderen Filterwerkstoffen meist nur um Spezialanwendungen, so z. B. bei Nickelfiltern um das Filtrieren von Natronlauge, bei Silberfiltern um die Verwendung als Anoden in elektrolytischen Zellen und Akkumulatoren, für die übrigens in Einzelfällen auch Nickel oder Aluminium benutzt wird.

8.20 *Bronzefilter*

Entsprechend der historischen Entwicklung wenden wir uns zunächst den Bronzefiltern zu. Wie bereits erwähnt wurde, wird als Ausgangspulver Pulver von einer möglichst idealen kugelförmigen Korngestalt benutzt. Über die Vollkommenheit der Packung bei einem derartigen kugelförmigen Bronzepulver siehe Abb. 28.

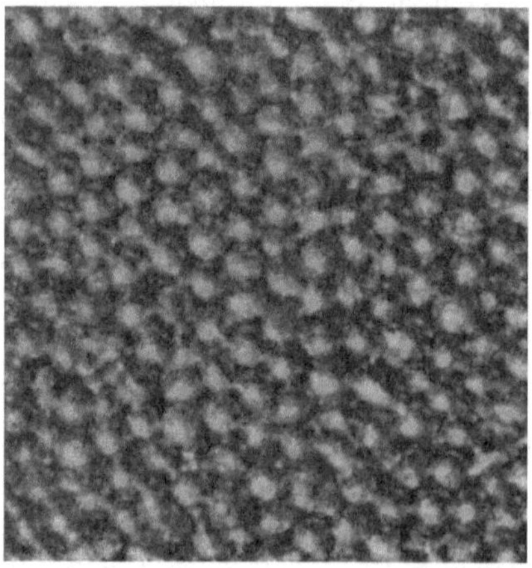

Abb. 28. Vollkommenheit der Packung von kugelförmigem Bronzepulver nach SINCLAIR

Bei der Herstellung von Bronzefiltern bevorzugt man die Verwendung von Legierungspulvern. Mischungen von Kupfer und Zinn, wie sie z. B. bei der Erzeugung von porösen Bronzelagern mitunter benutzt werden, sind für die Metallfilter nicht als günstig anzusehen, da die große Porosität dieser Produkte die Diffusion der beiden Komponenten bei der Sinterung beeinträchtigt. Mitunter verwendet man auch Kupferpulver, die mit dünnen Überzügen aus Zinn versehen wurden (Coating). Bei den mit Zinn gecoateten Kupferpulvern schmilzt das Zinn bei der Sinterung und diffundiert in die Kupferteilchen.

Je nach der verlangten Porengröße werden die kugelförmigen Bronzepulver entweder mit einem geringen Druck gepreßt (altes pulvermetallurgisches Verfahren) und dann gesintert oder aber in Formen geschüttet und gerüttelt, in denen sie später der Temperaturbehandlung unterworfen werden. Als Material für die Formen findet entweder Graphit oder auch Keramik oder Chromstahl Verwendung. Die Anwendung des Kaltpressens ist notwendig, wenn Körper mit feinen Poren erzeugt werden sollen. Wird dagegen eine hohe Durchlässigkeit und eine größere Porengröße verlangt, so verwendet man das Verfahren des Sinterns von geschütteten und gerüttelten Pulvern. Die Sintertemperatur liegt bei der Herstellung von Bronzefiltern etwa bei 800° C (Sinterdauer eine halbe bis eine Stunde), also wie auch bei anderen Filterwerkstoffen etwa unterhalb der Schmelztemperatur des Filterwerkstoffes. Zusatzstoffe, wie etwa Ammoncarbonat, werden bei der Herstellung von Bronzefiltern im allgemeinen nicht verwendet.

Ein neuartiges Herstellungsverfahren, welches auch auf die Herstellung von Bronzefiltern großer Längen und schwieriger Formen angewendet werden kann, wird von G. WASSERMANN[71] Zeitschr. f. Metallforschung, 2, 1947, S. 129, beschrieben. Das Pulver wird in Stahlrohre eingefüllt. Die gefüllten Stahlrohre werden dann gezogen oder in Profile verwalzt. Dabei wird je nach dem Grade der Verformung die gewünschte Verdichtung der eingeschütteten Pulver erreicht. Nach dem Sintern sind die Körper genügend fest und soweit zusammengeschrumpft, daß sie leicht den verformten Rohren entnommen werden können.

Ein anderes interessantes Verfahren stammt von MARVIN und KOEHRING[72] (USA-Patent Nr. 2.409.295). Es werden die Poren des Filterkörpers mit einem Metall plattiert, welches in der elektrochemischen Spannungsreihe niedriger steht als das Grundmetall. Die Zirkulation der plattierenden Salzflüssigkeit wird durch den mechanischen Druck bewirkt. Die Konzentration der Salzlösung und die Zeit der Zirkulation bestimmen die Dicke der Auftragsschicht an der Porenoberfläche. Nach Erhitzung (Sinterung) tritt eine vollkommene Diffusion der plattierten Schichten in das Grundmetall ein. Auch eine Plattierung aus der Gasphase ist möglich und z. B. durch Zink und Cadmium angewendet worden. Die Dämpfe des Metalles, welches aufplattiert werden soll, werden mittels einer Pumpe durch das Porensystem gepreßt. Nach Angaben der Patentschrift tritt durch den geschilderten Plattierungsprozeß keine merkliche Änderung der Porengröße ein, wohl aber eine Verbesserung der Glattheit der „inneren" Porenfläche durch das aufplattierte Metall.

Von REINSCH werden in Tabelle 29 Sorten von Bronzefiltern verschiedener Porengröße angegeben.

TABELLE 29

Eigenschaften von Bronzefiltern verschiedenen Porengrades nach Reinsch

Marke	Größe der filtr. Teilchen	Porosität	Zusammensetzung		Zul. Temperatur gegen Oxydation		Zugfestigkeit	Wandstärke
			Cu	Sn	mit Schutzgas	ohne Schutzgas		
	mm	%	%	%	°C	°C	kg/mm²	mm
1	0,05—0,13	50	92	8	500	180	3—4	3
2	0,03—0,05	50	92	8	500	180	3—4	2,3
3	0,01—0,03	50	92	8	500	180	3—4	1,5
4	0,002—0,010	50	92	8	500	180	3—4	1,5

Bei größeren Wandstärken, als in der Tabelle angegeben, tritt eine Beeinträchtigung der Durchlässigkeit des Filters ein. Geringere Wandstärken, als in der Tabelle angegeben, sind möglich. Es empfiehlt sich jedoch nicht, die Wandstärken gegenüber den Tabellenwerten zu verkleinern, wenn feinste Teilchen abfiltriert werden sollen. Im vorliegenden Fall ist die Porosität, etwa 50%, ziemlich unabhängig von der verwendeten Korngröße des Ausgangspulvers.

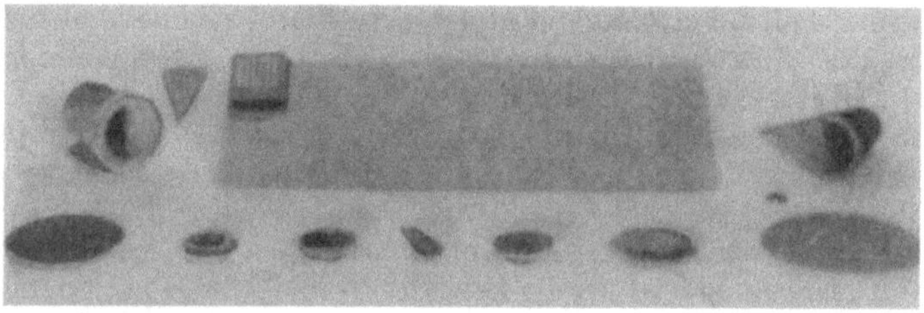

Abb. 29. Poröse Bronzefilter verschiedener Größen und Form

Abb. 30. Poröse Metallfilterteile

Sinclair[26,27] gibt an, daß Bronzefilter der Marke „Porosint" eine durchschnittliche Porosität von etwa 37% haben, und zwar gleichfalls weitgehend unabhängig von der Korngröße des Ausgangspulvers. Die verschiedenen Grade der Porengröße werden durch abgestufte Korngrößen des Ausgangspulvers erreicht. Nach Reinsch beträgt die Dehnung der Bronzefilter etwa 3%. T. C. du Mond[28] Materials and Methods, 23, 1946, S. 123, gibt an, daß die Dehnung 3 bis 15% maximal betragen kann, ebenso Seymour[25]. Sinclair[26] erwähnt, daß sich dünnere Platten (anscheinend unter 1,5 mm Stärke) um einen Winkel von 30 bis 50° biegen lassen. Die Festigkeit wird von Reinsch[17] mit 3 bis 4, von Sinclair und Seymour mit 1,5 bis 3 und von T. C. du Mond mit 3 bis 5 kg/mm² angegeben. Die Korrosionsfestigkeit von gesinterten Bronzepulvern entspricht nach du Mond[28] derjenigen von gegossener Bronze. Gesinterte Bronzefilter können auf 500° C nach dem gleichen Autor in nichtoxydierender Atmospäre erhitzt werden, ohne daß sich die Filtereigenschaften wesentlich ändern.

In Abb. 29 bis 32 sind eine Anzahl von Filtergegenständen aus Bronze verschiedener Form dargestellt.

Über die Durchlässigkeit von Bronzefiltern der Oilite Ltd. Corp. gegenüber Flüssigkeiten verschiedener Viskosität siehe Tabelle 28.

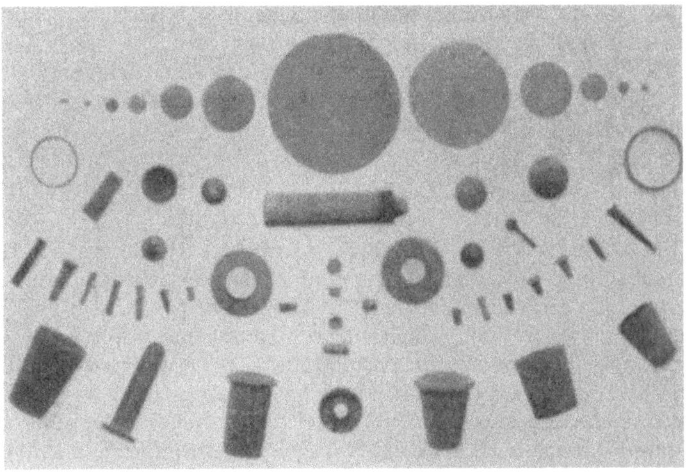

Abb. 31. Sortiment gesinterter Bronzeteile

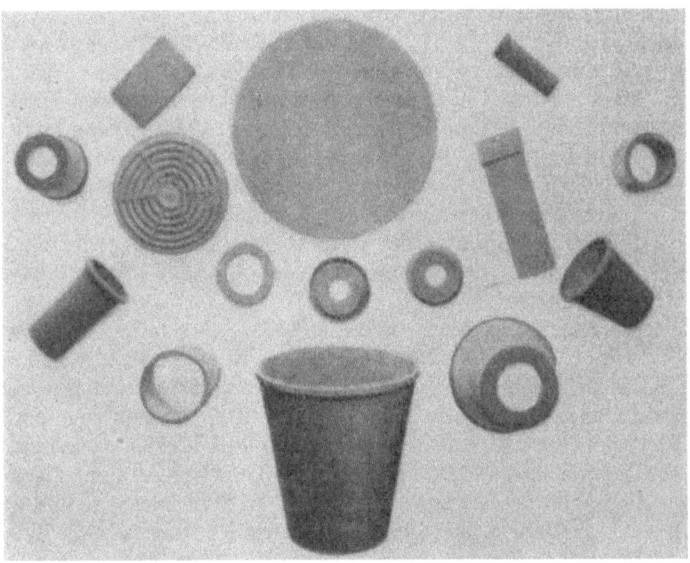

Abb. 32. Zusammenstellung gesinterter poröser Metallfilter

8.30 *Nickelfilter*

Nickelfilter sind aus verschiedenen Gründen interessant und wichtig. So finden z. B. Nickelfilter zum Filtrieren von Natronlauge Verwendung.

Im zweiten Weltkrieg wurden Nickelfilter in größtem Umfange als Hg-durchlässige Werkstoffe für Schalt- und Zündzwecke benutzt[74] (vgl. Steel 16, 1946, S. 118). Es wird dabei von sehr reinem Nickelpulver (Reinheitsgrad mindestens 99%) ausgegangen, welches für diesen Anwendungszweck eine bestimmte Korngröße haben muß. Literaturangaben über die benötigte Korngröße und Kornverteilung bestehen jedoch nicht. Das Nickelpulver wird vor seiner Verarbeitung bei etwa 600° C im Wasserstoffstrom geglüht, um eine gleichmäßige Härte zu erhalten, welche für die Gleichmäßigkeit der Porengröße von erheblicher Bedeutung sein soll. Die Sinterung erfolgt bei 1050° C (45 Minuten). Bei nicht zu dicken Filtern tritt das Quecksilber in einigen 1/100 Sekunden durch den Filterkörper hindurch, und zwar bei einwandfrei hergestellten Filtern in stets der gleichen Menge ($\pm$ 10%).

Im VÚPM-Vestec u Prahy haben wir uns im besonderen mit der Herstellung von Filtern aus Nickel beschäftigt, die eine größere Durchlässigkeit bei nicht zu großer Porengröße aufweisen sollten. Als Ausgangsmaterial wurde Metallpulver aus reinem Nickel verwendet, welches durch Reduktion von reinem Nickeloxyd mit Wasserstoff bei Temperaturen von 600 bis 750° C erhalten wurde. Es entsteht dabei ein relativ feinkörniges Metallpulver einer Korngröße von 2 bis 8 μ. Dieses Pulver ist so fein, daß sich aus ihm Filterkörper höherer Durchlässigkeit nur schwer herstellen lassen. Es ergab sich daher die Aufgabe, das Pulver, welches auf dem Reduktionswege nicht wesentlich gröber erhalten werden kann, durch andere Maßnahmen zu vergröbern, und zwar in einer definierten Weise. Diese Aufgabe ist von prinzipieller Art und auch bei der Herstellung von gröberem Pulver aus Schwermetallcarbiden von Bedeutung.

Eine Vergröberung von Metall- oder metallähnlichen Pulvern kann dadurch stattfinden, daß diese Pulver bei höheren Temperaturen einer Wärmebehandlung unterworfen werden. Dabei treten Sintereffekte auf, deren Wirkung darin besteht, daß die kleineren Metallpulverkörner zu größeren zusammentreten, wobei zunächst noch innerhalb des größeren Korns die Anordnung der kleineren Körner erhalten bleibt. Man spricht dann von der Bildung von Sekundärkörnern, die durch Zusammensintern der primären Einzelkörner entstehen. Es ist klar, daß der hier geschilderte Effekt temperaturabhängig sein muß, daß also mit erhöhter Temperatur die Bildung von Menge und Größe der zusammengesinterten Körner zunimmt.

Die größeren, auf diese Weise gebildeten Körner stellen zunächst ein sehr labiles Gebilde dar. Man kann, falls die Temperatureinwirkung nicht zu hoch ist, die Sekundärkörner leicht durch Zerreiben oder anderweitige mechanische Behandlung zerstören. Die Aufgabe besteht darin, diese mechanische Zerkleinerung in einer so vorsichtigen Weise durchzuführen, daß Kornagglomerate einer bestimmten und gewünschten Größe erhalten bleiben. Es geschieht dies z. B. durch vorsichtiges Zerreiben der zusammengebackenen Metallpulver, und zwar in der Weise, daß noch größere Kristallkornagglomerate erhalten bleiben. Man erhält dann die beabsichtigte Vergröberung des Korns, aber nur in dem Sinne, daß Kornagglomerate mit mehr oder weniger zahlreichen Primärkörnern erhalten bleiben. Da dieses Verfahren von grundsätzlicher Bedeutung ist, wenn gröbere Ausgangspulver nicht auf dem üblichen Wege erhalten werden können, wie dies z. B. bei durch Wasserstoff reduzierten Ni-Pulvern der Fall ist, wurde es unter Patentschutz gestellt[75] (vgl. čsl. Patentanmeldung von K. OCETEK — A. VAMBERSKY).

In Tabelle 30 ist das Ergebnis von Versuchen angegeben, welche die Agglomeration von Ni-Pulvern durch Temperatureinwirkung von 900 bis 1250° C betreffen.

TABELLE 30

Agglomeration von Ni-Pulvern (Siebanalysen bei verschiedenen Frittungstemperaturen

Temperatur °C	unter 0,06 mm	prozentuale Kornanteile bei: 0,06 bis 0,10 mm	0,10 bis 0,20 mm	0,20 bis 0,30 mm	über 0,30 mm	Errechnete mittl. Korngröße μ
900	72,6	13,6	5,0	7,6	1,2	64
1000	61,9	17,2	6,7	11,1	1,0	75
1050	50,5	21,4	8,2	17,8	1,9	97
1100	44,2	23,6	9,5	22,1	0,6	104
1150	42,3	24,2	8,0	23,3	2,2	111
1200	32,4	21,4	11,6	30,4	4,2	137
1250	30,0	25,6	9,4	28,5	6,6	142

Das Ausgangsnickelpulver war relativ feinkörnig (Korngröße 2 bis 8 μ, mittlere Korngröße etwa 4 bis 5 μ). Die Zerreibung des zusammengebackenen Metallpulvers erfolgte kurzzeitig in vorsichtiger Weise in einem Mörser. Die Tabelle enthält Angaben über die Siebanalysen der bei verschiedenen Temperaturen zusammengefritteten Pulver.

Aus den so agglomerierten, vergröberten Nickelpulvern wurden poröse Sinterkörper hergestellt. Die Pulver wurden mit 2 t/cm² gepreßt, nachdem sie vorher mit 3% $NiCl_2 \cdot 6 H_2O$ (auf Metallgehalt gerechnet) getränkt worden waren. Die Sinterung erfolgte in zwei Stufen, und zwar bei 900° C und anschließend bei 1100° C (jeweils eine halbe Stunde). Es wurde die Dichte, Porosität und Durchlässigkeit (bei 4 atü) gegenüber Wasser bestimmt. Die Zahlenwerte sind in Tabelle 31 angegeben.

TABELLE 31

Eigenschaften von Nickelfiltern, hergestellt aus agglomerierten Pulvern

Zustand	Kornfraktion mm	Dichte g/cm³	Porosität %	Durchlässigkeit cm³/min/cm²
feinkörnig, nicht agglomeriert	—	5,39	38,7	74
agglomeriert	unter 0,06	5,24	40,4	130
agglomeriert	0,06—0,10	5,46	38,0	160
agglomeriert	0,10—0,20	5,50	37,5	205
agglomeriert	0,20—0,30	5,48	37,6	220

Wie man sieht, nimmt die Durchlässigkeit trotz wenig veränderter Dichte und Porosität des Sinterkörpers mit steigender Vergröberung (mit gröberer Kornfraktion) zu, und zwar bei der Kornfraktion 0,10 bis 0,20 mm auf das Dreifache gegenüber dem feinkörnigen Ausgangspulver.

Bezüglich der Wirkung von Füllstoffen auf die Porosität und Durchlässigkeit von Ni-Filtern siehe Kapitel 4.00.

8.40 *Filter aus nichtrostendem Stahl*

Wie schon in der Einleitung zu diesem Kapitel ausgeführt wurde, haben neuerdings im Ausland neben Filtern aus Bronze solche aus nichtrostendem Stahl eine zunehmende Bedeutung gewonnen, und zwar vor allem im Hinblick auf ihre chemische Widerstandsfähigkeit gegenüber Säuren und Laugen sowie gegen korrodierende Flammen. Je nach dem gewünschten Zweck der verlangten

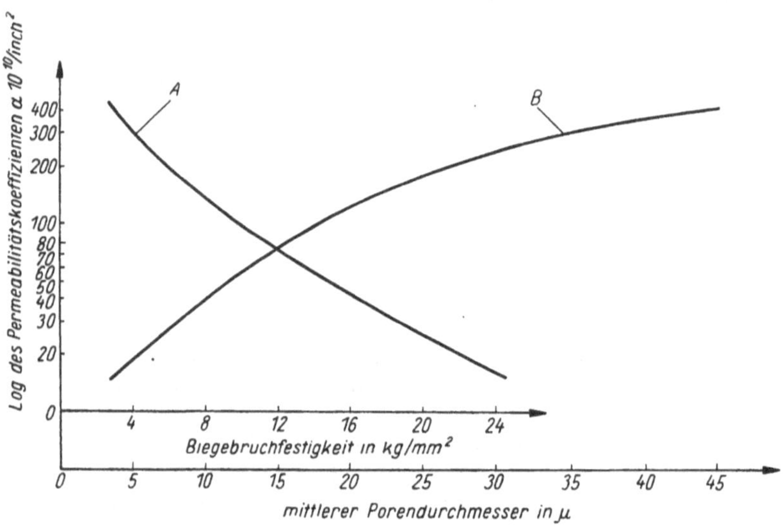

Abb. 33. Abhängigkeit der Biegebruchfestigkeit von der Durchlässigkeit (Permeabilitätskoeffizient) bei nichtrostenden Stahlfiltern 18/8 (B. S. A. Groupe Research Centre)

Korrosionsbeständigkeit verwendet man die verschiedensten nichtrostenden Stahlqualitäten, im besonderen die Legierungen 18/8 (18% Cr + 8% Ni), 18/12 (18% Cr + 12% Ni) oder eine Legierung der Zusammensetzung 20% Cr + 18% Ni + 4% Cu + 3% Me + Rest Fe oder schließlich Mo-Ni-Stähle. Die Legierungspulver aus den nichtrostenden Stählen werden zumeist durch Granulation der Metallschmelzen in Wasser in einer Kornform hergestellt, die mehr oder weniger stark von der kugelförmigen Korngestalt abweicht. Nach amerikanischen Angaben werden bei der Sinterung Zusatzstoffe verwendet, deren Art und Menge jedoch in der Literatur nicht angegeben ist, und die sich bei der Sinterung vollständig verflüchtigen. Pressen, Vorsinterung und Hochsinterung erfolgen in der üblichen Weise. Nach C. G. GOETZEL[5], Treatise on Powder Metallurgy, Bd. II, New York, 1950, S. 533, ist es notwendig, kugelförmige Pulver aus nichtrostendem Stahl zu benutzen, wenn nur Filterkörper einer begrenzten Porosität erhalten werden sollen. Man kann auch mechanisch zerkleinerte, elektrolytisch oder auf andere Weise gewonnene Pulver verwenden. Wenn besonders dünne Filter in Form von Blechen verlangt werden, kann dies durch Verwalzen von Pulvern geschehen (siehe Kap. 6.00). SEYMOUR[25] gibt an, daß je nach der Blechdicke Filter verschiedener Durchlässigkeit und verschiedenen Filtergrades nach diesem Verfahren erhalten werden. Filterbleche mit kleinerer Durchlässigkeit entstehen bei Blechdicken von 1,5 bis 2,5 mm; dünnere Filterbleche höherer Durchlässigkeit bei Blechdicken unter 0,7 mm.

In Abb. 33 ist die Biegebruchfestigkeit von Filterwerkstoffen aus nichtrostendem Stahl in Abhängigkeit von dem Permeabilitätskoeffizienten α dargestellt. Es handelt sich dabei um Filter aus nichtrostendem Stahl der Zusammensetzung 18/8, die eine Plattenstärke von etwa 3 mm besaßen. Die Permeabilität wurde gemessen bei einem Überdruck von 0,1 lb/sq. inch und bezieht sich auf eine Filterfläche von einem sq. inch. Die der Abbildung zugrunde liegenden Zahlenwerte beruhen auf Messungen der B. S. A. Groupe Research Centre, Sheffield[70].

SEYMOUR gibt außerdem die in Tabelle 32 wiedergegebene Abhängigkeit des Permeabilitätskoeffizienten α von der mittleren Porengröße in μ an, welche Filter aus nichtrostendem Stahl auf Grund von Durchlässigkeitsmessungen gegenüber Luft zeigen (vgl. ebenfalls Abb. 33).

TABELLE 32

Permeabilitätskoeffizient und mittlere Porengröße von Filtern aus nichtrostendem Stahl 18/8

(auf Grund von Messungen der Gasdurchlässigkeit nach SEYMOUR)

Permeabilitäts-koeffizient $\alpha \times 10^{10}$/inch²	Durchflußmenge an Luft l/sec	geschätzte mittlere Porengröße μ
20	1,43	5
40	2,87	10
60	4,34	12
100	7,32	16
140	10,10	18
180	12,98	22
220	15,86	26
260	18,79	30
300	21,66	35
350	25,25	40
400	28,88	45

Wie man sieht, steigt die Durchlässigkeit (Permeabilitätskoeffizient) stark mit der Erhöhung der mittleren Porengröße des Filterwerkstoffes an.

Wenn man Filter höherer Durchlässigkeit erhalten will, ist es auch bei Filtern aus nichtrostendem Stahl notwendig, von Pulvern kugelförmiger Korngestalt auszugehen und die in Formen geschütteten oder gerüttelten Pulver in ihnen zu sintern. Nach den Untersuchungen des VÚPM-Vestec bedient man sich bei der Herstellung kugelförmiger Metallkörner aus nichtrostenden Stählen der im Kapitel 3.40 beschriebenen Verfahren, also der Zerkleinerung und Abrundung von eingekerbten Spänen oder Drähten in einer Kreuzschlagmühle.

Die Reinigung von Filtern aus nichtrostenden Stählen erfolgt nach SEYMOUR entweder durch Anwendung eines Gegendruckes oder durch Kochen in 20%iger Natronlauge oder 15%-iger HNO_3 (vgl. Kap. 10.00).

J. D. DALE[40] proc. Third Annual Spring Meeting of Metal Powder Association, New York, 27, 1947, S. 4, gibt folgende Werte für die Lebensdauer von Filtern aus nichtrostendem Stahl 18/8, aus welchen die hohe Korrosionsbeständigkeit derselben zu ersehen ist. Verwendet wurden Produkte der Micro Metallic Corp. Brooklyn, New York (vgl. Tabelle 33).

TABELLE 33

Korrosionsbeständigkeit (Lebensdauer) von Filtern aus nichtrostendem Stahl 18/8

(nach DALE)

Korrodierendes Agens bei 21° C	Lebensdauer
gegen 68%-ige HNO_3	20 Jahre
gegen 10%-ige HNO_3	30 Jahre
gegen 96%-ige H_2SO_4	1,3 Jahre
gegen 10%-ige H_2SO_4	3 Wochen
gegen 37%-ige HCl	5 Stunden
gegen 1%-ige HCl	4 Wochen
gegen 40%-ige NaOH	10 Jahre
gegen 85%-ige HPO_3	20 Jahre
gegen 10%-ige HPO_3	40 Wochen

8.50 *Silberfilter*

Als weiterer Filterwerkstoff kommen für spezielle Fälle (poröse Platten für Elektroden und Anoden) sowie in der pharmazeutischen Industrie als bakterientötende Mittel Silberfilter in Betracht. Wir beschränken uns im folgenden auf die Wiedergabe von Untersuchungen, die an dünnen porösen Blechen, hergestellt durch direktes Verwalzen von Silberpulver, gewonnen worden sind. Filter dieser Art wurden im VÚPM-Vestec durch A. ČTVRTNÍK entwickelt. Verwendet wird feinkörniges, durch Fällung hergestelltes Silberpulver hoher Reinheit. Um zu Körpern hoher Durchlässigkeit und großer Porengröße zu gelangen, ist es notwendig, nicht zu feinkörniges Ausgangspulver zu verwenden. Die günstigste Korngröße liegt zwischen 8 und 12 μ. Eine Erhöhung der Porosität läßt sich entweder durch Vorbehandlung des Silberpulvers oder durch Zugabe von verdampfbaren Zusatzstoffen (Ammoncarbonat) erhalten, sowie durch Verwendung von anoxydierten Silberpulvern. Die Pulver werden durch Einführung in den Walzspalt zweier gegenläufig sich bewegender Walzen zu zusammenhängenden Bändern verformt, die dann einer Temperaturbehandlung (Sinterung) unterworfen werden (näheres unter 6.30).

8.60 *Filterwerkstoffe aus Schwermetallcarbiden*

Die Carbide der Schwermetalle der 4., 5. und 6. Gruppe des periodischen Systems zeichnen sich durch eine fast vollständige Widerstandsfähigkeit gegenüber Säuren aus. Es liegt daher nahe, solche Filter dann anzuwenden, wenn von dem Filtererzeugnis eine vollständige Korrosionsbeständigkeit gegenüber mehr oder weniger starken Säuren, im besonderen nichtoxydierender Art, wie etwa HCl, verlangt wird. Die Schwermetallcarbidpulver fallen bei der Carburierung der Oxyde oder Metalle mit festem Kohlenstoff in Form von relativ feinkörnigen Pulvern an, die sich wegen dieser Feinkörnigkeit nicht zur Herstellung hochporöser Filter eignen. Aus diesem Grund ist es notwendig, auch hier wieder ein Kornvergröberungsverfahren anzuwenden, durch welches eine Agglomeration der feinkörnigen Primärkristalle zu gröberen Sekundärkörnern erfolgt.

Man ist jedoch wegen der Tatsache, daß die Carbidkörner sehr hart sind und daher die Zerkleinerung der agglomerierten Pulver schwierig ist und zur Aufnahme von Verunreinigungen führt, darauf angewiesen, die Agglomeration in einem ziemlich eng begrenzten Temperaturgebiet (etwa 1500° C) vorzunehmen. Bei Temperaturen, die wesentlich unterhalb dieser Grenze liegen, tritt ein erhebliches Zusammenbacken der Körner noch nicht auf. Die Zerkleinerung des bei 1500° C durch Zusammenbacken entstehenden Carbidkuchens erfolgt zunächst durch grobes Vorbrechen, anschließendes Feinbrechen und dann durch eine Feinzerkleinerung auf die gewünschte Kornfraktion. Die beste Ausbeute (70 bis 80%) wird durch Zerreiben in Mörsern erreicht. Eine etwas schlechtere Ausbeute (50 bis 60%) erhält man bei der Behandlung in der Kreuzschlagmühle, wobei man so vorzugehen hat, daß die feineren Kornanteile (unter 0,06 mm) ständig abgesiebt werden. Eine sehr schlechte Ausbeute (unter 40%) tritt durch Mahlen in Kugelmühlen ein.

Als Schwermetallcarbide, die verhältnismäßig billig und leicht erhältlich sind, kommen vor allem WC und TiC in Betracht. Letzteres ist preßtechnisch wesentlich schwieriger zu verarbeiten. Die Versuche des VÚPM-Vestec u Prahy haben sich daher vorzugsweise auf WC beschränkt.

Es wurden Kornfraktionen von 0,06 bis 0,10 mm, 0,10 bis 0,20 mm und 0,20 bis 0,30 mm durch Absieben des zerkleinerten, vorher durch Agglomeration vergröberten Pulvers hergestellt. Gepreßt wurde unter Zusatz von 2 bis 3% Bienenwachs (gelöst in Tetrachlorkohlenstoff). Dieser Zusatz ist vorteilhaft, weil sich dadurch das Carbidpulver besser verpressen läßt, und weil außerdem das Bienenwachs die Rolle eines sich bei der Temperaturbehandlung verflüchtigenden Zusatzstoffes übernimmt. Trotz der Erhöhung der Verpreßbarkeit durch Zusatz von Bienenwachs müssen bei der Herstellung von Preßlingen aus Schwermetallcarbiden höhere spezifische Drucke angewendet werden, als sie sonst in der Preßtechnik der Filterherstellung üblich sind. Günstiger wird allerdings die Verpreßbarkeit, wenn rohrförmige Filterkörper hergestellt werden.

In Tabelle 34 ist die Durchlässigkeit von Wolframcarbidfiltern, hergestellt aus verschiedenen Kornfraktionen des Ausgangspulvers, die mit 2 bis 3% Bienenwachs getränkt worden waren, wiedergegeben. Die Körper wurden bei einer Temperatur von 1350° C gesintert.

TABELLE 34

Durchlässigkeit von WC-Filtern aus verschiedenen Kornfraktionen und mit verschiedenen Gehalten an Bienenwachs, hergestellt bei verschiedenen Preßdrücken

Kornfraktion des agglom. Carbidpulvers mm	Zusatz an Bienenwachs %	Durchlässigkeit gegen Wasser bei 4 atü bei einem spez. Preßdruck von 2 t/cm² in cm³/min/cm²	2,5	3	4
0,06—0,10	2	40	20	17	16
	2,5	50	25	20	17
	3	60	40	30	23
0,10—0,20	2	100	43	—	—
	2,5	125	75	—	—
	3	170	115	—	—
0,20—0,30	2	200	110	70	42
	2,5	280	165	85	60
	3	380	185	135	110

Die Durchlässigkeit rohrförmiger Carbidfilter aus WC von 2 mm Wandstärke, bei denen ein spezifischer Preßdruck von nur 1 t/cm² bei der Herstellung angewandt wurde, ist in Tabelle 35 wiedergegeben.

TABELLE 35

Durchlässigkeit rohrförmiger Carbidfilter verschiedener Porosität gegen Wasser, gemessen bei Überdrücken von 0,2 bis 4,0 atü

Kornfraktion mm	Tränkungsmittel (Bienenwachs) %	Porosität %	Durchlässigkeit gegen Wasser bei 0,2 atü in cm³/min/cm²	1,0	2,0	3,0	4,0
0,10—0,20	2	55,6	—	—	—	—	615
	2,5	55,8	—	—	—	—	1460
	3	57,2	320	649	1080	1600	2000

Die Porengröße der in Tabelle 35 angeführten rohrförmigen Filter beträgt nach Messungen mit Zusätzen von Fremdstoffen definierter Korngröße etwa 3 μ. Die Filter sind gegenüber 10-, 20- und 30%iger HCl praktisch vollkommen widerstandsfähig.

8.70 *Filter aus Eisen und nichtlegierten Stählen*

Ein weiterer wichtiger Filterwerkstoff, der im besonderen im Inland zur Massenherstellung billiger Metallfilter für die Reinigung von Treib- und Schmierstoffen, so z. B. für die Endreinigung von Naphtha in Dieselfahrzeugen, benutzt wird, ist Eisen oder nichtlegierter Stahl. Die Filterwerkstoffe sind zwar keineswegs korrosionsbeständig. Bei dem hier genannten Verwendungszweck ist dies indessen nicht als entscheidender Nachteil anzusehen. Da Schmieröle und Treibstoffe, wie z. B. Naphtha usw., als Filterflüssigkeit verwendet werden, wird durch das Filtermedium schon nach ganz kurzer Benutzung eine Schutzschicht auf der Oberfläche des Filters und innerhalb der Poren gebildet, die eine wirksame Korrosion des Filters durch Wasser, Feuchtigkeit usw. verhindert. Es ist daher weder eine „äußere" noch eine „innere" Korrosion der Filter zu erwarten.

Aber auch eine Korrosion, die von der Herstellung der Filter herrühren könnte, und die sich durch das Auftreten von korrodierenden Erscheinungen vor und während der Benutzung des Metallfilters äußern würde, ist praktisch ausgeschlossen. Das zur Filterherstellung verwendete Ausgangspulver wird zwar nach dem Verfahren des VÚPM-Vestec u Prahy mittels einer wäßrigen Metallsalzlösung behandelt. Das Metallpulver wird aber vor seiner Weiterverarbeitung durch Pressen, Schütten oder Rütteln sehr gut getrocknet. Der Zusatzstoff zersetzt sich dann während der Sinterung. Der anodische Teil der Salzkomponente verdampft während der Wärmebehandlung, die in reinem, trockenem und sauerstofffreiem Wasserstoff vorgenommen wird, so daß es zu keiner Korrosion kommen kann.

Wir verzichten im weiteren darauf, in diesem Abschnitt auf eine Beschreibung von Filtern aus Eisen (im besonderen DPG-Eisen) oder nichtlegierten Stählen näher einzugehen, da dies laufend im Rahmen der Darstellung dieser Broschüre geschehen ist.

9.00 Einfluß der Herstellungsbedingungen auf die Eigenschaften metallischer Filter

9.10 *Allgemeines*

Wie schon im Kapitel 2.00 erwähnt wurde, haben die einzelnen Herstellungsbedingungen einen entscheidenden Einfluß auf die Filtereigenschaften eines porösen Sinterkörpers, d. h. auf die Durchlässigkeit einerseits und auf die Porengröße bzw. den Filtergrad andererseits. Werden die Metallfilter nach dem klassischen pulvermetallurgischen Verfahren durch Pressen und nachträgliches Sintern hergestellt, dann sind vor allem folgende Eigenschaften der Ausgangspulver und folgende Erzeugungsmaßnahmen von Bedeutung:

1. Art des Metallpulvers, vor allem seine Duktilität;
2. Korngröße und Kornverteilung, die das Metallpulver besitzt;
3. Korngestalt des Metallpulvers;
4. Vorbehandlung des Metallpulvers, wobei im besonderen auf die Wirkung von zersetz- oder verdampfbaren Stoffen hinzuweisen ist;
5. Preßdruck;
6. Sintertemperatur;
7. Sinterdauer und a. m.

Bei der Herstellung gröberer Metallfilter durch Schütten oder Rütteln der Pulver in Formen und Sintern in denselben scheidet der Einfluß 5 natürlich aus, während die anderen Einflüsse prinzipiell erhalten bleiben. Die Einflüsse von 6 und 7 ergänzen sich gegenseitig, wobei grundsätzlich eine Verlängerung der Sinterdauer einer Erhöhung der Sintertemperatur entspricht und umgekehrt eine Verkürzung der Sinterdauer einer Erniedrigung der Sintertemperatur gleichkommt.

Außer den hier angegebenen Eigenschaften der Ausgangspulver und den Herstellungsbedingungen des Filters spielen natürlich auch andere Einflüsse eine wichtige Rolle für die Filtereigenschaften des porösen Werkstoffes. Hierzu gehören Wanddicke des Filters, Filterüberdruck usw.

Auch die mechanischen Eigenschaften des Filters werden durch die Art und die Eigenschaften des Ausgangspulvers sowie auch durch die Herstellungsbedingungen beeinflußt. Hierauf wird jedoch nicht im einzelnen eingegangen werden, da diese Einflüsse aus der Pulvermetallurgie, d. h. vom Pressen und Sintern von Metallpulvern, allgemein bekannt sind. Im folgenden beschränken wir uns, von Ausnahmefällen abgesehen, auf die Ermittlung der hier gekennzeichneten, für die Filtereigenschaften wichtigen Einflüsse auf einen einzigen Filterwerkstoff, nämlich hergestellt aus DPG-Fe-Pulver.

9.20 *Einfluß der Korngestalt des Ausgangspulvers*

Einen außerordentlich großen Einfluß auf die Filtereigenschaften, im besonderen auf die Durchlässigkeit, hat die Korngestalt des Metallpulvers. Dies geht z. B. aus Versuchen hervor, bei denen Pulver der gleichen Korngröße und Kornverteilung, aber verschiedener Korngestalt, miteinander verglichen wurde. Wir haben hierzu DPG-Fe-Pulver kugeliger Korngestalt einerseits und schuppenförmiges Hametag-Fe-Pulver andererseits benutzt, wobei eine Kornfraktion 0,06 bis 0,10 mm, eine Menge des Zusatzmittels $FeCl_3 \cdot 6H_2O$ von 5% (gerechnet auf den Metallgehalt), ein spezifischer Preßdruck von 2 t/cm² und Sintertemperaturen von 1100° und 1250° C angewendet wurden. Das Ergebnis dieses Vergleiches ist in Tabelle 36 aufgeführt (vgl. auch Tabelle 10).

TABELLE 36

Einfluß der Korngestalt auf die Porosität und Durchlässigkeit (ermittelt durch Vergleich von DPG- und Hametag-Fe gleicher Korngröße)

(plattenförmige Filter einer Stärke von 4 mm)

Art des Werkstoffes	Kornfraktion mm	Sintertemperatur °C	Dichte g/cm³	Porosität %	Durchlässigkeit gegen H_2O bei 1 atü cm³/min/cm²
DPG-Eisen	0,06—0,10	1100	3,48	55	980
		1250	3,50	55	770
Hametag-Eisen	0,06—0,10	1100	2,90	63	250
		1250	2,95	62	160

Aus den Zahlenwerten der Tabelle 36 geht hervor, daß trotz höherer Porosität des Sinterkörpers aus Hametageisen dieser nur 1/4 bis 1/5 der Durchlässigkeit eines Sinterkörpers besitzt, der aus kugeligem DPG-Fe-Pulver hergestellt wurde. Hieraus ergibt sich für die Technik der Filterherstellung die zwingende Notwendigkeit der Verwendung von Metallpulvern möglichst idealer kugelförmiger Korngestalt, um zu möglichst durchlässigen Filterwerkstoffen zu gelangen. Von dieser Tatsache sind wir auch bei der Erörterung des theoretischen Teiles und bei der Beschreibung der Verfahren zur Herstellung von Metallpulvern ausgegangen.

In diesem Zusammenhang wurde die Frage untersucht, in welcher Weise Porosität und Durchlässigkeit von porösen Sinterkörpern beeinflußt werden, wenn Mischungen aus einem kugelförmigen Pulver (DPG-Fe-Pulver) verwendet werden (Kornfraktion 0,06 bis 0,10 mm). Das Ergebnis dieser Versuche ist in Tabelle 37 wiedergegeben. Der Preßdruck betrug 3 t/cm², die Sintertemperatur 1300° C. Die Menge des Zusatzstoffes betrug 3%, wobei einmal der Zusatzstoff in Form der wäßrigen Lösung des Metallsalzes ($FeCl_3 \cdot 6H_2O$), im anderen Fall durch Behandlung mit einer äquivalenten Menge an Säure bei der Vorbehandlung der Pulver erzeugt wurde.

Wie man sieht, hat die Art der Einbringung des Zusatzstoffes (durch Tränkung mit der wäßrigen Lösung des Metallsalzes oder durch Behandlung mit HCl)

TABELLE 37

Einfluß von Mischungen von Metallpulvern verschiedener Korngestalt auf die Porosität und Durchlässigkeit

Werkstoff DPG %	Werkstoff Hametag %	Form der Zugabe des Tränkungsmittels	Dichte g/cm³	Porosität %	Durchlässigkeit gegen H_2O bei 1 atü $cm^3/min/cm^2$
100	—	$FeCl_3$ . . . *)[76]	4,36	43,2	280
95	5	$FeCl_3$	4,51	41,4	236
		HCl	4,65	39,4	183
90	10	$FeCl_3$	4,48	41,7	230
		HCl	4,49	41,6	163
85	15	$FeCl_3$	4,78	37,8	82
		HCl	4,75	38,2	69
80	20	$FeCl_3$	4,81	37,3	67
		HCl	4,68	39,0	62
75	25	$FeCl_3$	4,79	37,7	46
		HCl	4,86	36,7	45
50	50	$FeCl_3$	4,88	36,3	30,5
		HCl	5,00	34,8	19
25	75	$FeCl_3$	4,86	36,7	12,5
		HCl	4,94	35,8	11,3
—	100	$FeCl_3$	4,69	38,9	23
		HCl	4,31	43,1	20

*) Vgl. čsl. pat. přihl. P 433 bis 452 (C. AGTE, J. HRUŠKA, K. OCETEK).

keinen wesentlichen Einfluß auf die Porosität und Durchlässigkeit der Filter. Dagegen wird schon durch geringe Zusätze des schuppenförmigen, ungünstigen Hametagpulvers die Porosität und die Durchlässigkeit von DPG-Fe-Filtern wesentlich verschlechtert.

Bei Vergleich der Zahlenwerte der Tabellen 36 und 37 ist zu beachten, daß im Falle der Tabelle 37 ein höherer Preßdruck, eine höhere Sintertemperatur und eine geringere Menge des Zusatzstoffes angewendet wurden. Alle diese Faktoren erniedrigen aber die Durchlässigkeit des Filterwerkstoffes.

9.30 *Einfluß der Korngröße*

Die Durchlässigkeit eines Metallfilters gegenüber Flüssigkeiten oder Gasen nimmt mit Erhöhung der Korngröße des Ausgangsmetallpulvers stark zu. Dies geht aus den in Tabelle 38 wiedergegebenen Zahlenwerten hervor, die vom „Ústav pro výzkum motorových vozidel, Praha-Libeň" stammen. Es wurden rohrförmige Filter aus DPG-Eisen (14/10 mm ∅ × 12 mm) miteinander verglichen, die aus verschiedenen Kornfraktionen des Ausgangsmetallpulvers hergestellt worden waren, bei denen aber sonst die gleichen Herstellungsbedingungen, wie Menge des Tränkungsmittels, Preßdruck, Sintertemperatur usw., zur Anwendung kamen.

Die beiden erstgenannten Filter der Tabelle 38 kommen als Endfilter bei der Reinigung von Naphtha für Dieselfahrzeuge in Betracht. Durch sie werden Verunreinigungen von etwa 2 bis 3 μ aus der Filterflüssigkeit restlos entfernt. Das

TABELLE 38

Einfluß der Korngröße des Ausgangspulvers auf die Durchlässigkeit von DPG-Fe-Filtern

(nach Messungen des ÚVMV-Praha-Libeň)

Kornfraktion des Ausgangsmetallpulvers	Zusatz an Tränkungsmittel $FeCl_3$ %	Durchlässigkeit gegen Naphtha bei Überdrucken von					
		0,2	0,5	0,6	1,0	1,2	1,5
		at in $cm^3/min/cm^2$					
0,06—0,10	5	—	68	—	117	—	178
0,06—0,15	5	—	82	—	140	—	215
0,10—0,15	5	—	—	—	—	266	—
0,20—0,30	5	330	—	860	—	—	—

letztgenannte Filter der Tabelle 38 eignet sich als Vorfilter bei der Naphthareinigung, da durch dasselbe Verunreinigungen einer mittleren Korngröße von über 8 bis 10 μ beseitigt werden.

Als weiteres Beispiel für den Einfluß der mittleren Korngröße des Ausgangspulvers auf die Durchlässigkeit von Metallfiltern ist in Abb. 38 die Porosität von *Hametag*-Fe-Filtern, hergestellt aus verschiedenen Kornfraktionen, in Abhängigkeit vom log der Durchlässigkeit wiedergegeben. Wie man sieht, ist eine exponentielle Steigerung der Durchlässigkeit in Abhängigkeit von der Porosität vorhanden.

9.40 *Einfluß des Füllstoffes*

Mit steigender Menge des Füllstoffes nimmt die Porosität von Metallfiltern weniger, die Durchlässigkeit stark zu, wie an zwei Beispielen (Tabellen 39 und 40) gezeigt ist. Als Füllstoff wurde die wäßrige Lösung eines Chlorides von Metallen der gleichen Art wie der Grundstoff des Filters benutzt, bei Nickelfiltern also $NiCl_2 \cdot 6\,H_2O$, und bei Eisenfiltern (DPG) $FeCl_3 \cdot 6\,H_2O$. Tabelle 39 zeigt die Durchlässigkeit von Nickelfiltern gegen Wasser bei einem Überdruck von 4 at. Als Ausgangsmetallpulver wurde feinkörniges Nickelpulver der Fa. Murex Ltd., Rainham — England (Korngröße etwa 5 μ) verwendet. Es wurden Filter einer Dicke von 1 bis 2,5 mm hergestellt. Der Preßdruck betrug 3 t/cm², die Sintertemperatur 1200° C (1/2 Stunde).

Tabelle 40 gibt die Durchlässigkeit von Filtern von 3 mm Dicke aus DPG-Eisenpulver (verwendete Kornfraktion 0,06 bis 0,10 mm) wieder, und zwar gegenüber Wasser bei 1 atü. Der Preßdruck betrug in diesem Fall 2 t/cm², die Sintertemperatur 1250° C (1/2 Stunde). Die Menge des Zusatzstoffes wurde bei den Nickelfiltern der Tabelle 39 zwischen 3 bis 10%, bei den DPG-Fe-Filtern der Tabelle 40 zwischen 1 und 5% variiert. Sie ist stets berechnet auf den Metallgehalt des Salzes (in Prozent).

TABELLE 39

Einfluß der Menge des Füllstoffes bei Nickelfiltern auf Porosität und Durchlässigkeit

Menge des Zusatzstoffes $NiCl_2 \cdot 6\,H_2O$ %	Filterstärke mm	Dichte g/cm³	Porosität %	Durchlässigkeit gegen Wasser bei 4 atü in cm³/min/cm²
3	1	4,81	44.7	228
	1,5	4,93	43,9	153
	2	5,12	41,9	110
	2,5	5,56	36,8	47
5	1	4,73	46,5	268
	1,5	5,05	42,5	178
	2	5,30	39,8	124
	2,5	5,56	36,8	72
7,5	1	4,56	48,2	356
	1,5	4,86	44,8	283
	2	5,18	41,1	181
	2,5	5,40	38,6	121
10	1	4,18	52,4	641
	1,5	4,41	49,8	372
	2	4,67	46,9	268
	2,5	4,73	45,0	218

TABELLE 40

Einfluß der Menge des Füllstoffes auf die Porosität und Durchlässigkeit von Metallfiltern aus DPG-Eisen

Menge des Zusatzstoffes $FeCl_3 \cdot 6\,H_2O$ %	Dichte g/cm³	Porosität %	Durchlässigkeit gegen Wasser bei 1 atü in cm³/min/cm²
1	4,48	41,8	436
3	4,32	43,7	540
5	3,98	48,7	663

9.50 *Einfluß des Preßdruckes*

Mit Erhöhung des spezifischen Preßdruckes, unter welchem die Metallpulver verpreßt werden, nimmt die Porosität weniger, die Durchlässigkeit der Metallfilter sehr stark ab, wie aus dem Beispiel der Tabelle 41 hervorgeht. Auch hier wieder handelt es sich um Filter aus DPG-Eisen der Kornfraktion 0,10 bis

0,15 mm. Es wurde $FeCl_3 \cdot 6\,H_2O$ in einer Menge von 2% als Füllstoff verwendet. Die Sintertemperatur betrug 1200° C. Die Filterdicken lagen zwischen 3,10 bis 3,30 mm.

TABELLE 41

Einfluß des Preßdruckes auf die Durchlässigkeit von Filtern aus DPG-Eisen

spez. Preß-druck t/cm²	Filterdicke mm	Dichte g/cm³	Durchlässigkeit gegen Wasser bei 1 atü in cm³/min/cm²
3	3,29	4,07	360
4	3,18	4,30	208
5	3,14	4,49	162
6	3,12	4,59	130

9.60 *Einfluß der Sintertemperatur*

Aus der Pulvermetallurgie ist bekannt, daß mit steigender Sintertemperatur die Dichte der Sinterkörper größer und ihre Porosität somit kleiner wird. Demzufolge sinkt auch mit steigender Sintertemperatur die Durchlässigkeit von Metallfiltern, wie dies aus Tabelle 42 ersichtlich ist. Es wurde DPG-Fe-Pulver der Kornfraktion 0,06 bis 0,10 verwendet. Die Menge des Zusatzstoffes betrug 3% $FeCl_3 \cdot 6\,H_2O$, der Preßdruck 2 t/cm². Es handelt sich um rohrförmige Filter 14 bis 10 mm ∅.

TABELLE 42

Einfluß der Sintertemperatur auf die Durchlässigkeit von DPG-Fe-Filtern

Sintertemperatur °C	Dichte g/cm³	Porosität %	Durchlässigkeit gegen Naphtha bei 1	3	4 atü in cm³/min/cm²
1250	4,46	42,2	187	323	638
1275	4,69	39,5	228	483	700
1300	4,78	38,2	196	310	608
1325	4,74	38,7	191	336	583
1350	4,84	37,5	170	293	492

Obwohl mit steigender Sintertemperatur Porosität und Durchlässigkeit wegen der dabei eintretenden Schließung von Poren sinken, dürfen bei der Herstellung metallischer Filter nicht zu niedrige Sintertemperaturen verwendet werden, und zwar deswegen, weil mit Erhöhung der Sintertemperatur die Festigkeit der Filter außerordentlich stark zunimmt. Dies geht im einzelnen aus den Zahlenwerten der Tabelle 43 hervor, in welcher die Scherfestigkeit plattenförmiger Filter und die Biegebruchfestigkeit von porösen Stäben wiedergegeben sind. Verwendet wurden wiederum DPG-Fe-Pulver der Kornfraktion 0,06 bis 0,10 mm, eine Menge des Zusatzstoffes von 5% $FeCl_3 \cdot 6\,H_2O$ und ein Preßdruck von 2 t/cm². Bei den Messungen der Scherfestigkeit betrug die Plattendicke 3 mm, bei den Messungen der Biegebruchfestigkeit wurden Stäbchen von 5 × 5 × 50 mm (Stützweite 40 mm) verwendet.

TABELLE 43

Einfluß der Sintertemperatur auf die Scherfestigkeit und Biegebruchfestigkeit von Filtern aus DPG-Eisen

Sinter-temperatur °C	Dichte g/cm³	Porosität %	Scherfestigkeit kg/mm²	Biegebruch-festigkeit kg/mm²
1250	4,07	47,3	1,89	—
1275	4,13	46,7	2,55	3,34
1300	4,27	44,8	6,41	7,38
1325	4,35	44,1	7,83	20,80
1350	4,46	42,4	8,75	28,00

9.70 *Einfluß der Filterflüssigkeit*

Mit steigender Viskosität der Filterflüssigkeit wird die Durchlässigkeit der Metallfilter stark erniedrigt. Dies geht im einzelnen aus Tabelle 44 hervor, in welcher die Durchlässigkeit von DPG-Fe-Filtern gegenüber Wasser und Naphtha miteinander verglichen sind. Es handelt sich um Mischungen von kleinen Mengen an Hametagpulvern mit überwiegenden Teilen von DPG-Pulvern der Kornfraktion 0,10 bis 0,15 mm. Verwendet wurde eine Menge des Zusatzstoffes von

TABELLE 44

Vergleich der Filterdurchlässigkeit gegen Wasser und Naphtha an Eisenfiltern

(Mischungen aus DPG- und Hametag-Eisen)

Metallpulver %		Durchlässigkeit gegen cm³/min/cm²	
DPG	Hametag	Wasser	Naphtha
100	—	360	60
95	5	270	46
90	10	190	28
85	15	125	18
80	20	85	13,5

3% $FeCl_3 \cdot 6H_2O$. Gepreßt wurden Platten von 3 mm Dicke mit einem Druck von 4 t/cm². Die Sintertemperatur betrug 1250° C. Filtriert wurde mit einem Überdruck von 1 at.

Das Verhältnis der Durchlässigkeit der Filter von Wasser gegenüber Naphtha betrug bei allen untersuchten Kornmischungen etwa 6 : 1. Mit steigender Viskosität der Filtrierflüssigkeit nimmt also die Durchlässigkeit stark ab.

9.80 *Einfluß des Filterdruckes*

Der Einfluß des Filterdruckes auf die Porosität und Durchlässigkeit wurde an sich schon früher besprochen (vgl. Tabelle 38). Im folgenden wird aber noch eine Versuchsreihe gebracht, in welcher die Durchlässigkeit von feinen und feinsten

TABELLE 45

Einfluß des Filterdruckes auf die Durchlässigkeit und Porosität von DPG-Fe-Filtern, hergestellt aus Pulvern feiner und feinster Korngröße

Kornfraktion	Dichte	Porosität	Durchlässigkeit gegen Naphtha bei Überdrucken von		
			1	2	4
mm	g/cm³	%	atü in cm³/min/cm²		
0,06—0,075	4,24	45,0	97,2	151,0	300,0
*) 0,025—0,045	4,09	46,9	34,2	79,2	170,0
*) 0,005—0,0025	3,95	48,7	18,0	36,0	—

*) hergestellt durch Windsichtung.

DPG-Fe-Filtern (Einfluß der Ausgangskorngröße des Metallpulvers) bei Überdrücken von 1,2 und 4 at geprüft wurde. Die Pulver wurden mit 3% $FeCl_3 \cdot 6\,H_2O$ getränkt, mit 2 t/cm² gepreßt und bei 1300° C gesintert (Tabelle 45).

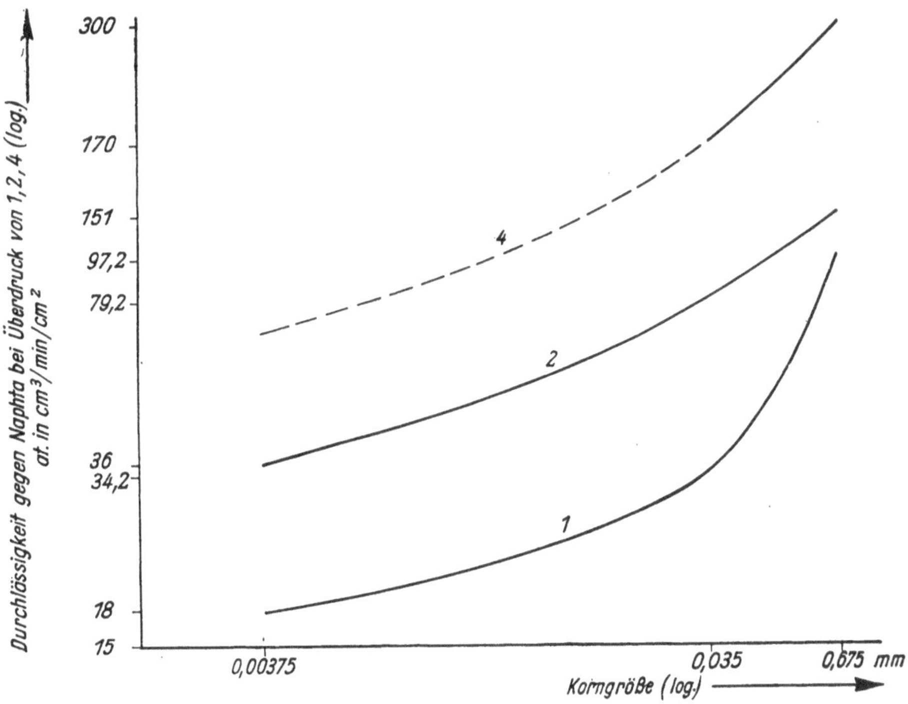

Abb. 34 Abhängigkeit des log der Durchlässigkeit vom log der Korngröße von DPG-Filtern (bei verschiedenen Überdrucken)

In Abb. 34 ist der log der Durchlässigkeit gegen den log der Korngröße von DPG-Filtern bei verschiedenen Überdrucken gemäß den Werten der Tabelle 45 graphisch aufgetragen.

9.90 *Einfluß der Stärke des Filters*

Schließlich seien noch einige Angaben über den Einfluß der Filterdicke von plattenförmigen Filtern auf die Durchlässigkeit und Porosität gemacht (Tabelle 46). Aus den Zahlenwerten der Tabelle ist gleichzeitig der Einfluß der Menge des Zusatzstoffes erkennbar. Verwendet wurde Eisenpulver (DPG) der Kornfraktion 0,10 bis 0,20 mm. Preßdruck 4 t/cm². Vorsinterung bei 800° C; Endsinterung bei 1200° C, jeweils 1/2 Stunde.

TABELLE 46

Einfluß der Dicke des Filters (DPG-Eisen) auf die Porosität und Durchlässigkeit von mit verschiedenen Mengen an Zusatzstoffen getränkten Filtern

Menge des Zusatzstoffes $FeCl_3 \cdot 6H_2O$ %	Filter-dicke mm	Dichte g/cm³	Porosität %	Durchlässigkeit gegen Wasser bei 1 atü cm³/min/cm²
3	4,22	4,44	42,2	435
	4,94	4,68	39,0	305
	6,00	4,73	36,8	260
5	4,38	3,96	48,4	780
	5,38	3,99	48,1	620
	6,56	4,09	46,8	585

Die Porosität nimmt mit zunehmender Filterstärke nur wenig, die Durchlässigkeit stark ab.

Bemerkenswert erscheint, daß alle hier besprochenen Herstellungsbedingungen und Prüfvariablen in sehr starkem Maß auf die Durchlässigkeit und nur wenig auf die Porosität der Filter ansprechen.

10.00 Regeneration und Reinigung von Metallfiltern

10.10 *Allgemeines (in Betracht kommende Verfahren)*

Während ihrer Verwendung verstopfen sich die Metallfilter — wie auch alle anderen Filtersorten — dadurch, daß die abzufiltrierenden Verunreinigungen der Filterflüssigkeit oder des Gases in die Poren von der Filteroberfläche her eindringen. Die Durchlässigkeit des Filters gegenüber dem Filtermedium läßt im Laufe der Benutzung ständig nach. Das Filter „verblindet" und verliert seine Wirksamkeit, so daß es schließlich dazu kommen kann, daß überhaupt keine Filterflüssigkeit von ihm mehr durchgelassen wird.

Es ist klar, daß daher die Frage der Regeneration und Reinigung des Metallfilters von nicht geringer praktischer Bedeutung ist. Die vom Filter aufgenommenen Verunreinigungen müssen möglichst vollständig mit einfachen Mitteln und in einfacher Weise beseitigt werden können. Das Filter muß in einfacher Weise gereinigt und wieder gebrauchsfähig gemacht werden. Dasjenige Verfahren ist bei der Regeneration der Filter am vorteilhaftesten und am wirksamsten, welches ihnen die ursprüngliche Leistungsfähigkeit oder einen möglichst hohen Prozentsatz derselben wiedergibt. Durch das Reinigungsverfahren dürfen indessen die übrigen Eigenschaften des Filters nicht nennenswert verändert oder beeinträchtigt werden. Es darf keine Erniedrigung der Festigkeitseigenschaften und keine chemische Reaktion des Filterwerkstoffes stattfinden, die zu einer „inneren" Korrosion des Filters führen würde.

Ob aber in allen Fällen eine Regeneration des Filters bei seiner Verblindung und Verstopfung zweckmäßig und unbedingt notwendig ist, ist nach BALSHIN eine vorwiegend wirtschaftliche Frage. Ist das Metallfilter sehr preiswert, d. h. aus billigsten Rohstoffen und auf dem Wege der Massenerzeugung hergestellt, und erlangt es nur einen kleineren Teil seiner ursprünglichen Leistungsfähigkeit durch die Regeneration wieder, dann kann die Anwendung eines Reinigungsverfahrens unter Umständen nicht mehr gerechtfertigt und wirtschaftlich nicht tragbar sein.

Dasjenige Reinigungsverfahren ist am besten, welches in einfacher, aber doch wirksamer Weise möglichst ohne Ausbau des Filtergegenstandes seine Regeneration in kürzester Zeit und ohne größeren Verbrauch an Reinigungsmitteln ermöglicht. Es kann sich um folgende Verfahren bei der Regeneration von Filtern handeln:

1. Anwendung eines entgegen der ursprünglichen Filtrierrichtung wirkenden Druckes mittels Luft, Gas oder einer Flüssigkeit (mechanische Druckreinigung),
2. Anwendung von chemischen Lösungsmitteln, die wiederum durch das Filter entgegen der Filtrierrichtung hindurchgedrückt werden, und wodurch Verunreinigungen nicht nur mechanisch beseitigt, sondern auch mehr oder weniger

vollständig gelöst werden (chemische Reinigung durch Lösung und Druckeinwirkung),

3. Ausglühen des Filters durch Erhitzung in einem Gasstrom, wobei das Gas mit den Verunreinigungen chemisch reagiert oder diese verbrennt (thermische Reinigung).

10.20 *Art der Verunreinigungen*

Welches der vorgenannten Reinigungsverfahren bei der Regeneration von metallischen Filtern im einzelnen anzuwenden ist, hängt zum großen Teil von der Art der vom Filter zurückgehaltenen Verunreinigungen ab. Die Art der Verunreinigungen wiederum wird bedingt von der Natur des Filtermediums (Flüssigkeit oder Gas). Die Verunreinigungen können metallischer, anorganischer oder organischer Art sein, wobei mehrere Arten dieser Verunreinigungen gleichzeitig nebeneinander auftreten können. Es erscheint zweckmäßig, zwischen Verunreinigungen, die durch unsachgemäße Manipulation während des Herstellungsprozesses oder durch die Lagerung aus den Gefäßen in das Filtermedium hineingelangen, und solchen Verunreinigungen, die erst im Laufe der Lagerung in diesem entstehen oder auch beim Filtrierungsprozeß selbst sich bilden können, zu unterscheiden. Bei der erstgenannten Art von Verunreinigungen kann es sich um metallische, anorganische oder organische Stoffe handeln. Bei der zweitgenannten Art von Verunreinigungen um solche, die vorwiegend organischer Natur sind.

1. Metallische Verunreinigungen können z. B. Metallflitterchen, Späneteilchen, Zunder oder Rost sein, die meist den benutzten Aufbewahrungsbehältern entstammen und durch unsachgemäße Manipulation (z. B. ungenügend gereinigte Behälter) während des Herstellungsprozesses oder bei der Lagerung in das Filtermedium hineingelangen können. Solche Verunreinigungen lassen sich entweder mechanisch durch Durchleitung einer unter Druck stehenden Flüssigkeit oder eines Gases durch das verblindete Filter leicht entfernen. Sie können aber unter Umständen auch durch ein chemisches Lösungsmittel beseitigt werden, so z. B. durch eine Säure. Das Lösungsmittel darf jedoch das metallische Filter nicht angreifen, sondern nur die Verunreinigungen selbst. So wird beispielsweise ein aus nichtrostendem Stahl bestehendes Filter von nicht zu konzentrierter Salpetersäure nicht angegriffen, dagegen aber viele metallische Verunreinigungen. Die metallischen Verunreinigungen sind meist größerer Korngröße. Sie werden größtenteils bereits durch eine Vorreinigung der Filterflüssigkeit beseitigt. Geschieht dies nicht, so werden sie an der Filteroberfläche zurückgehalten, ohne daß sie in das Filter eindringen.

2. Die anorganischen Verunreinigungen des Filtermediums können der verschiedensten Art sein, also z. B. Oxyde, Silicate, Sand, fester, nichtorganischer Schmutz und dgl. Auch in diesem Falle handelt es sich meist um gröbere Verunreinigungen, die bei einer Vorfilterung abgefangen werden. Sie zeichnen sich häufig dadurch aus, daß sie nicht von chemischen Lösungsmitteln, also auch nicht von stärkeren Säuren und Gasen, gelöst werden. Sind sie in die Poren des Filters eingedrungen, dann ist ihre Entfernung meist nur durch „mechanische Druckreinigung" möglich. Sie gelangen in das Filtermedium ebenfalls durch unsachgemäße Manipulation während der Herstellung oder der Lagerung.

3. Die dritte Art der Verunreinigungen ist organischer Natur. Gegenüber den vorgenannten Verunreinigungen sind sie meist sehr feinkörnig und daher

schwieriger zu beseitigen, in vielen Fällen erst durch die Endreinigung mittels eines sehr feinporigen Filters. Wie oben erwähnt, kann es sich bei den Verunreinigungen organischer Art um solche handeln, die bei der Herstellung des Filtermediums entstehen, oder aber auch um solche, die sich im Filtermedium erst im Laufe der Zeit oder bei der Filtrierung selbst bilden.

Die von der Herstellung des Filtermediums herrührenden Verunreinigungen können organische Staubteile sein, Gewebeteilchen, die durch mechanische Zerstörung eines organischen Vorfilters in das Filtermedium hereingekommen sein können und dgl. mehr.

Bei dem wichtigen Gebiet der Filtrierung organischer Flüssigkeiten, im besonderen von Schmierölen und Treibstoffen, sind jene Verunreinigungen von großer Bedeutung, die sich im Laufe der Zeit, z. B. durch die Lagerung, bilden. Die Bildung solcher Verunreinigungen kann durch die verschiedensten Gründe hervorgerufen werden, z. B. durch Temperatureinwirkung, durch Licht, durch katalytische Reaktionen mit den Gefäßwänden, durch teilweise Zersetzung des Filtermediums usw., wobei die Alkalität oder Acidität desselben eine Rolle spielen kann. So ist es bekannt, daß bei der Lagerung von Naphtha oder anderen Treibstoffen folgende chemische Prozesse eintreten können: Verseifung durch Bildung organischer Fettsäuren, Verharzung durch Polymerisation organischer Verbindungen, wie z. B. von Phenolen oder Carbozolen, Abscheidung von feinem Kohlenstoff in Form von Graphit oder Ruß und vieles andere mehr. Im allgemeinen muß damit gerechnet werden, daß die Bildung von Verunreinigungen dieser Art mit der Dauer der Lagerung des Filtermediums ständig zunimmt.

Es sind Erscheinungen beobachtet worden, welche zeigen, daß zwei ähnliche organische Flüssigkeiten, wie z. B. synthetische und Naturnaphtha, die miteinander gemischt werden, zu einer besonders starken Bildung der oben genannten Verunreinigungen organischer Art führen können. Im übrigen ergibt sich hier ein weites Feld für den organischen Chemiker und speziell für den Treibstofffachmann, deren Aufgabe darin bestehen kann, die Bildung solcher, durch Lagerung entstehender, den Filtrierprozeß erschwerender Verunreinigungen zu verhindern oder zu unterdrücken.

Bei der Endreinigung von Schmier- und Treibstoffen sind es also vor allem die sich bei der Lagerung bildenden Verunreinigungen, die beseitigt werden müssen, da sie wegen ihrer Feinheit in die Poren der metallischen Filter gelangen und diese verstopfen. Auch hier wieder erweist es sich zur Regeneration der verblindeten Filter am geeignetsten, wenn entgegen der ursprünglichen Filtrierrichtung unter Anwendung eines nicht zu geringen Druckes eine Flüssigkeit durch das Filter hindurchgedrückt wird, welche die in den Poren befindlichen Verunreinigungen mechanisch herausdrückt. Diesem Zweck genügt an sich dieselbe Flüssigkeit, die das Filtermedium bildet. Wird gleichzeitig damit eine chemische Lösung der Verunreinigung verbunden, so müssen solche Flüssigkeiten zur Regenerierung gewählt werden, welche diese Aufgabe erfüllen, aber dabei den Filterwerkstoff nicht angreifen.

In diesem Zusammenhang muß noch kurz auf einige Gesichtspunkte hingewiesen werden, die von Bedeutung erscheinen. Es zeigt sich nämlich, daß bei der Lagerung gebrauchter Filter aus DPG-Eisen an Luft die Regenerationsmöglichkeit erschwert wird. Bei der Lagerung an Luft verdampfen die leichter flüchtig gehenden Anteile des Treibstoffes (Naphtha), so daß das Filter oxydativen Einflüssen wegen des Fehlens einer korrosionsverhindernden Schutzschicht schneller unterworfen ist. Weiterhin muß damit gerechnet werden, daß unter Umständen katalytische Wirkungen durch Einwirkung des Metallfilters auf die Filtrierflüssigkeit hervorgerufen werden, wodurch *im* Filter die oben behandelte Entstehung organischer Verunreinigungen gefördert wird. Es sind Anzeichen dafür vorhanden, daß es sich dabei teilweise um eine Verseifung handeln kann, besonders wenn das Filtermedium eine gewisse Alkalität zeigt. Schließlich können auch noch Aufquellerscheinungen auftreten, die dadurch entstehen, daß die zur Regeneration des Filters benutzten Flüssigkeiten in die Verunreinigungen eintreten und ihr Volumen vergrößern. Es ist klar, daß auch dadurch die Entfernung der Verunreinigungen durch Druck erschwert wird.

Einleitend zu diesem Kapitel haben wir die zur Regenerierung von metallischen Filtern benutzten Verfahren in drei verschiedene Gruppen unterteilt. Die Verfahren 1 und 2 (mechanische Druckreinigung, chemische Lösung der Verunreinigungen oder Kombination dieser Verfahren) können leicht ohne Ausbau des Filterkörpers angewendet werden. Das Verfahren 3 (Ausglühen der Filter in einem Gasstrom) setzt einen Ausbau der Filterkörper aus dem Filteraggregat voraus, wodurch seine Anwendungsmöglichkeit eingeschränkt wird. Im VÚPM-Vestec u Prahy haben wir uns daher im wesentlichen nur mit den Verfahren 1 und 2 als den einfachsten beschäftigt, und dies nur insoweit, als wir, speziell in Zusammenarbeit mit dem ÚVMV-Praha-Libeň, die Regenerierung von Metallfiltern aus DPG-Eisen behandelt haben, die im Laufe ihrer Benutzung beim Filtrieren von Naphtha, besonders durch die feinen Anteile an Verunreinigungen, erblindet waren.

10.30 „*Mechanische*" *Reinigung von Metallfiltern durch Anwendung von Gegendruck*

Die handelsübliche Naphtha enthält nach unseren Untersuchungen Verunreinigungen der verschiedensten Art und Größe (siehe Tabelle 21). Die durch das Vorfilter von etwa 10 μ Porengröße beseitigten Verunreinigungen der Naphtha sind überwiegend metallischer Art (z. B. kleine Metallflitter) oder anorganischer Art (gröberer Schmutz). Sie dringen häufig gar nicht in das Filter ein, sondern werden bereits größtenteils auf der Filterfläche zurückgehalten.

Dient das Metallfilter der Endreinigung von Naphtha, sollen also durch dasselbe Verunreinigungen zurückgehalten werden, die zwischen 3 und 10 μ liegen, dann handelt es sich vorwiegend um die Beseitigung von Verunreinigungen organischer Art. Diese können z. B. polymerisierte Phenole, feinkörniger Graphit, Verharzungsprodukte usw. sein. Die Entfernung von Verunreinigungen dieser Art, die in die Poren des Metallfilters eingedrungen sind, läßt sich fast vollständig dadurch erreichen, daß die Naphtha entgegen der Filtrierungsrichtung kurzzeitig unter Anwendung eines Gegendruckes (z. B. von 1 bis 2 atü) durch das verstopfte Filter hindurchgepreßt wird. Es genügt hierzu eine verhältnismäßig kleine Flüssigkeitsmenge, z. B. bei Filterkörpern, die aus rohrförmigen Filtern aus DPG-Eisen von 14/10 × 12 mm in einer Zahl von 10 bis 12 Stück zusammengesetzt sind, eine Menge von etwa 3 Litern Naphtha, wobei diese Flüssigkeitsmenge indessen für andere Zwecke als Treibstoff wieder gebraucht werden kann.

Man kann auch statt einer Flüssigkeit Luft oder ein Gas entgegen der Filtrierrichtung durch den Filterkörper durchblasen, wodurch eine reine mechanische Reinigung und Beseitigung der Verunreinigungen aus den Poren erfolgt. Zweckmäßigerweise nimmt man das Durchblasen unter einer Flüssigkeitsdecke vor, wobei als Flüssigkeit ein das Filter auch oberflächlich reinigendes organisches Medium gewählt wird (z. B. Azeton, Benzin, Spiritus, Tetrachlorkohlenstoff usw.).

Der „Ústav pro výzkum motorových vozidal in Praha-Libeň, welcher sich im besonderen Maße mit der Frage der Regeneration von DPG-Eisenfiltern, die bei der Endreinigung von Naphtha verstopft wurden, beschäftigt hat, hat die in Abb. 35 schematisch wiedergegebene Regenerationseinrichtung entwickelt.

Die in Abb. 35 schematisch wiedergegebene Anordnung gestattet die Regeneration verstopfter Metallfilter aus DPG-Eisen während des Betriebes, also während des Motorlaufes. Zu diesem Zweck sind zwei parallel geschaltete Filtersäulen, zusammengesetzt aus rohrförmigen DPG-Eisenfiltern, angeordnet. Durch die eine Filtersäule wird ständig die Filtrierflüssigkeit filtriert, bis ihre Wirksamkeit stark nachläßt und eine Verstopfung des Metallfilters erkennbar wird. Die andere Filtersäule ist während dieser Zeit außer Betrieb. Bei Nachlassen der Filterwirkung des im Gebrauch befindlichen Filters wird auf die zweite Filtersäule umgeschaltet, die dann in Aktion tritt. Die verstopfte, ausgeschaltete Filtersäule wird dann durch Anwendung eines Gegendruckes unter gleichzeitiger Durchleitung von etwa 3 Liter Naphtha gereinigt und steht dann weiter als Reserve zur Verfügung.

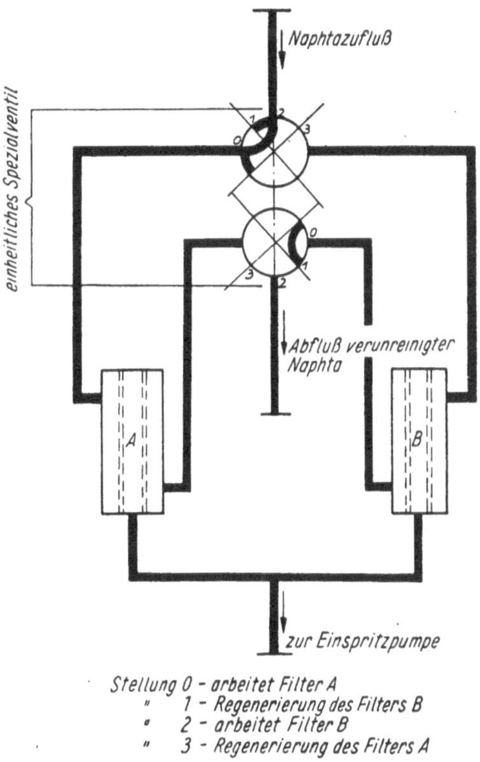

Abb. 35. Anlage zur Regeneration von verstopften DPG-Eisenfiltern während des Motorbetriebes (nach einem Vorschlag des ÚVMV-Praha)

Nach Untersuchungen des ÚVMV-Praha, Libeň, lassen sich verstopfte Endfilter aus DPG-Eisen leicht, schnell und wirksam reinigen, wie im einzelnen aus Tabelle 47 zu erkennen ist. Es handelt sich um Filter, hergestellt aus der Kornfraktion 0,06 bis 0,15 mm, getränkt mit 5% $FeCl_3 \cdot 6\,H_2O$ (bezogen auf die Metallmenge), Preßdruck 3 t/cm², Sintertemperatur 1300° C bei 1/2 stündiger Sinterdauer, wobei das Filter eine wirksame Porengröße von etwa 2 bis 3 μ besaß.

Wird das Filter mehrfach regeneriert, dann läßt die Wirksamkeit des Filters entsprechend den Zahlenangaben der Tabelle 47 ständig nach. Der Zeitraum zwischen zwei aufeinanderfolgenden Regenerierungen des Filters wird immer kürzer. Beim Nachlassen der Filterwirkung um etwa 20 bis 30% (Durchlässigkeit des Filters also 70 bis 80% gegenüber dem ursprünglichen Zustand) empfiehlt es sich, das Filter endgültig auszuwechseln und durch ein neues, frisches Filter zu ersetzen. Eine Regeneration der DPG-Eisenfilter, die mehr als viermal durch-

TABELLE 47

Vergleich der Regeneration von DPG-Eisen- und besonders präparierter Cellulosefilter

(nach VÚMV)

Art des Filters	Durchlässigkeit der regenerierten Filter gegenüber den Ausgangsfiltern in %	
feinporiges Endfilter aus DPG-Eisen	ungebraucht	100%
	1. Regeneration	95%
	2. Regeneration	89%
	3. Regeneration	84%
gröber poriges Vorfilter aus besonders präparierter Cellulose	ungebraucht	100%
	1. Regeneration	85%
	2. Regeneration	65%
	3. Regeneration	50%

geführt wird, lohnt sich meist nicht. Die Regenerierungsmöglichkeit von Metallfiltern — im vorliegenden Fall von Filtern aus DPG-Eisen — ist, wie ebenfalls aus Tabelle 47 ersichtlich ist, wesentlich besser als diejenige von Cellulosefiltern.

Wenn man das Nachlassen des Filters während seiner betrieblichen Benutzung nicht im Hinblick auf die Durchlässigkeit, sondern im Hinblick auf den „Filtergrad", d. h. die wirksame Porengröße, kontrollieren will, dann bedient man sich zweckmäßigerweise des unter 5.00 beschriebenen Verfahrens. Man bestimmt die Größe der durch das Filter hindurchgehenden Verunreinigungen nach den verschiedenen Regenerationen (unbenutzte, ein-, zwei-, dreimal usw. regenerierte Filter). Dabei wird man feststellen, daß nicht nur die Durchlässigkeit nachläßt, sondern daß auch der „Filtergrad", d. h. die wirksame mittlere Porengröße, im Laufe der Zeit und nach mehrmaliger Regeneration eine Beeinträchtigung insofern erfährt, als der wirksame mittlere Porendurchmesser immer größer, der „Filtergrad" also schlechter wird. Es bedeutet dies, daß die feinen Poren schneller verblinden als die gröberen und durch eine Regeneration des Filters nicht vollständig ausgeheilt werden können.

Ebenso wie hier im Falle von DPG-Eisenfiltern eingehender beschrieben wurde, lassen sich auch andere Metallfilter mehr oder weniger wirksam regenerieren und reinigen. SEYMOUR beschreibt z. B., daß Filter aus nichtrostenden Stählen 18/8 zweckmäßig durch Filtrieren mit 20%iger Natronlauge oder 15%iger Salpetersäure im Gegendruck regeneriert und wieder verwendungsfähig gemacht werden, ohne daß indessen nähere Angaben über die durch die Regeneration erreichte prozentuale Durchlässigkeit gegenüber dem Ausgangsfilter gemacht werden.

11.00 Wirksamkeit von Metallfiltern

Um überhaupt die Wirksamkeit von Metallfiltern zahlenmäßig vergleichen zu können, ist es notwendig, die bei verschiedenen Filtergraden (Porengrößen) erreichbaren Durchlässigkeiten einander gegenüberzustellen. Zur Beurteilung der Wirksamkeit von Filtern unterschiedlichen Filtergrades haben wir den Begriff der „Filterwirksamkeit" als einer rein technischen Größe geschaffen und durch das Verhältnis von Durchlässigkeit zum wirksamen Porenquerschnitt definiert (vgl. Kap. 2.00). Mit sinkendem Porenquerschnitt wird an sich die Durchlässigkeit der Filter immer geringer. Da aber die Durchlässigkeit eines Filters wesentlich von der Anzahl der durchgehenden Poren abhängt, können Filter gleicher Porengröße eine ganz unterschiedliche Durchlässigkeit aufweisen. Die Durchlässigkeit des Filters wird bei gleicher Porengröße um so geringer sein, je kleiner die Anzahl der durchgehenden Poren ist.

Die Filterwirkung ist dann am günstigsten, wenn man zur Herstellung der Filter kugelförmige Ausgangspulver verwendet, wie dies sowohl bei der ausländischen als auch inländischen Entwicklung deutlich sichtbar in Erscheinung tritt, und wenn gleichzeitig dafür Sorge getragen wird, daß die Poren bei der Sinterung offen gehalten werden, wobei vorzugsweise im Ausland der Weg über verdampfbare Zusatzfüllstoffe, im Inland dagegen über zugefügte zersetz- und teilweise verdampfbare Metallverbindungen gegangen wurde.

11.10 *Zusammenhang zwischen Durchlässigkeit und wirksamer Porengröße von Metallfiltern*

Wie schon mehrfach erwähnt wurde, nimmt die Durchlässigkeit D von metallischen Filtern mit der Verkleinerung der Porengröße d ab. Es geschieht dies indessen keineswegs in der zu erwartenden Weise, also proportional dem wirksamen Porenquerschnitt, was durch die Beziehung

$$D \cong \frac{d^2 \pi}{4} \qquad (15)$$

ausgedrückt werden würde.

Die Beziehung (15) ist also bei metallischen Filtern nicht bzw. höchstens angenähert erfüllt. Dies geht aus einem Vergleich des Verhältnisses von Durchlässigkeit zum Porenquerschnitt hervor (vgl. die spätere Tabelle 51). Es müssen somit Gründe für die festgestellten Abweichungen von der Theorie vorhanden sein. Diese liegen offenbar im wesentlichen darin, daß das Verhältnis der durchgehenden, offenen Poren zu den nichtdurchgehenden, geschlossenen Poren willkürlich und starken Streuungen unterworfen ist.

Für das Verhältnis der Durchlässigkeit D eines Filters zum wirksamen Porenquerschnitt $\left(\frac{d^2 \cdot \pi}{4}\right)$ haben wir den Begriff der Filterwirksamkeit W vorgeschlagen. Diese Filterwirksamkeit ist offenbar ein wichtiges technisches Maß, durch welches der Gütegrad des Filters, also seine Qualität, in quantitativer Weise ausgedrückt werden kann.

Dies führt zu folgender Formulierung des Gütegrades eines Filters: „*Der Gütegrad eines Filters, d. h. seine Wirksamkeit, ist um so höher, je größer seine Durchlässigkeit bei gegebenem Porenquerschnitt ist.*"

Die mittlere Porengröße eines Filters kann als identisch mit der Größe der kleinsten Verunreinigungen angesehen werden, die durch das Filter zurückgehalten werden. Dieser Gütegrad (W) ist im wesentlichen bestimmt durch das Verhältnis der Zahl der durchgehenden Poren N_1 zu der Zahl der geschlossenen Poren N_2, berechnet auf die Einheit der Filterfläche.

Man kann die Zusammenhänge etwa wie folgt formelmäßig ausdrücken:

$$W = \frac{4 \cdot D}{d^2 \cdot \pi} \cdot \frac{N_1}{N_2}. \tag{16}$$

Bezüglich der Erzielung einer technisch günstigen Wirksamkeit und eines hohen Filtergrades von Filtern im allgemeinen und von Metallfiltern im besonderen kommt somit dem Anteil der durchgehenden Poren an der Gesamtporenzahl eine große Bedeutung zu. Aus diesem Grunde spielen diejenigen Maßnahmen, die ein Offenhalten der Poren bei der Sinterung bezwecken, und die in diesem Buch eingehend erörtert wurden, ein wichtige Rolle.

Dies geht im einzelnen aus den Angaben der Tabelle 48 hervor. In dieser Tabelle ist die Durchlässigkeit von Filtern aus DPG-Eisenpulver gleichen Filtergrades, also gleicher Porengröße, angegeben, bei denen einerseits keine besonderen technischen Maßnahmen zur Offenhaltung der Poren durchgeführt wurden (1), und solchen, bei denen andererseits — nach dem im VÚPM-Vestec u Prahy entwickelten Verfahren der Tränkung des Ausgangspulvers mit wasser-

TABELLE 48

Durchlässigkeit von DPG-Eisenfiltern gleicher Porengröße mit a) nicht offen gehaltenen, b) mit offen gehaltenen Poren

Nr.	Kornfraktion des DPG-Eisenpulvers mm	Tränkungsmittel $FeCl_3 \cdot 6H_2O$ (bez. auf Fe-Gehalt) %	Durchlässigkeit gegen Wasser bei 1 atü cm³/min/cm²	Bemerkung
1	0,10—0,15	—	260	Poren nicht offen gehalten
2	0,06—0,15	3	435	Poren offen gehalten
3	0,06—0,10	5	780	Poren offen gehalten

löslichen Metallsalzen — dafür Sorge getragen wurde (2 und 3), daß keine oder nur eine geringe Schließung der Poren während der Sinterung stattfinden kann. Der Filtergrad, d. h. die wirksame mittlere Porengröße, betrug im vorliegenden Fall etwa 2 bis 3 μ. Zur Erzielung dieser Porengröße mußte bei dem nicht getränkten Ausgangspulver von einer Kornfraktion von 0,10 bis 0,15 mm ausgegangen werden, bei den mit einem Metallsalz (3 bzw. 5% $FeCl_3 \cdot 6\,H_2O$, bezogen auf den Fe-Gehalt) getränkten Pulvern dagegen von Kornfraktion von 0,06 bis 0,15 mm bzw. von 0,06 bis 0,10 mm. Die Sinterkörper wurden unter sonst gleichen Bedingungen (Preßdruck, Sintertemperatur usw.) hergestellt.

Wie ersichtlich ist, trägt das Offenhalten der Poren bei der Sinterung zu einer bedeutenden Erhöhung der Durchlässigkeit des Filters und damit, bei gleicher Porengröße, seiner Wirksamkeit bei. Die Wirksamkeit des metallischen Filters (W) ändert sich von $8{,}27 \cdot 10^9$ bei Probe 1, auf $13{,}85 \cdot 10^9$ bei Probe 2 und auf $24{,}8 \cdot 10^9$ bei Probe 3.

11.20 *Gleichmäßigkeit metallischer Filter hinsichtlich ihrer Durchlässigkeit*

Eine bemerkenswerte Eigenschaft metallischer Filter besteht darin, daß sie, im Vergleich zu Filterwerkstoffen anderer Art, mit relativ gleichmäßigen Filtereigenschaften (Durchlässigkeit und Porengröße) erzeugt werden können. Dies geht z. B. daraus hervor, daß für Filter, die der Enteisung der Tragflächen von Flugzeugen dienen (vgl. Kap. 12,00), eine Gleichmäßigkeit der Durchlässigkeit von $\pm 10\%$ verlangt wird, die ohne Schwierigkeiten fabrikatorisch eingehalten werden kann.

In Tabelle 49 bringen wir eine Zusammenstellung von Einzelmessungen der Durchlässigkeiten von Filtern aus DPG-Eisenpulvern an Hand von zwei größeren

TABELLE 49

Streuung der Durchlässigkeit

(Gleichmäßigkeit von Filtern aus DPG-Eisen)

Versuchsreihe I		Versuchsreihe II		
Durchlässigkeit gegen Naphtha bei 0,6 atü cm³/min/cm²	Streuung (Abweichungen vom Mittelwert) %		Durchlässigkeit gegen Naphtha bei 0,5 atü cm³/min/cm²	Streuung (Abweichungen vom Mittelwert) %
225	+6,2	a)	830	—
225	+6,2		900	+8,4
195	—7,5		830	—
210	+0,5		910	+9,6
220	+4,0		780	—6,0
195	—7,5		765	—7,8
195	—7,5		805	—3,0
230	+9,0	b)	755	+7,8
220	+4,0		755	+7,8
208	—1,4		675	—3,6
195	—7,5		755	+7,8
			645	—7,9
			645	—7,9
			660	—5,7
			720	+2,8

Versuchsreihen. Die Herstellungsbedingungen waren bei der Versuchsreihe I folgende: Kornfraktion 0,06 bis 0,15 mm, 5% $FeCl_3 \cdot 6\,H_2O$ — berechnet auf den Fe-Gehalt —, Preßdruck 3 t/cm², Filterdicke 3 mm, Sintertemperatur 1300°C; bei der Versuchsreihe II die nachstehenden: Kornfraktion 0,30 bis 0,40 mm, 3% $FeCl_3 \cdot 6\,H_2O$ — berechnet auf den Fe-Gehalt —, Preßdruck 2 t/cm², Filterdicke 3 mm und Sintertemperatur 1300 bzw. 1275°C (a bzw. b).

Bei der Versuchsreihe I betrug die mittlere Durchlässigkeit 211 cm³/min/cm², die mittlere Streuung 5,6%, bei der Versuchsreihe IIa die mittlere Durchlässigkeit 830 cm³/min/cm² und die mittlere Streuung 5%, bei Versuchsreihe IIb die mittlere Durchlässigkeit 700 cm³/min/cm² und die mittlere Streuung 6,4%.

11.30 *Kornverteilung der in einer Filterflüssigkeit vorhandenen Verunreinigungen*

Trotz der relativ großen Gleichmäßigkeit, welche metallische Filter aus DPG-Eisen, erzeugt nach dem im VÚPM-Vestec u Prahy entwickelten Verfahren, hinsichtlich ihrer Durchlässigkeit aufweisen, können Filter der genannten Art in bezug auf ihre wirksame Porengröße nicht als vollständig homogen bezeichnet werden. Der wirksame Querschnitt der einzelnen Poren ist mehr oder weniger unterschiedlich und streut um einen Mittelwert.

Es treten mitunter einzelne besonders große Poren auf, die von einer nicht genügend sachgemäßen Herstellung des Filters herrühren und die daher typische Erzeugungsfehler darstellen. Von ihnen soll hier nicht die Rede sein. Aber auch die für die Filterwirkung maßgebenden kleineren Poren sind hinsichtlich ihrer Größe nicht vollständig gleichmäßig. Dies ist ohne weiteres verständlich, wenn man bedenkt, daß für die Größe der wirksamen, d. h. der durch das Filter hindurchgehenden Poren immer nur der kleinste Porenquerschnitt maßgebend sein kann. Die Größe des wirksamen Querschnittes der durchgehenden Poren läßt sich nicht einwandfrei messen. Bei der Herstellung eines Schliffes wird man nur den Querschnitt der Poren in der Schnittfläche feststellen können, aber nicht die Änderung des Porenquerschnittes über die Gesamtlänge der Poren und ebenfalls nicht den räumlichen Verlauf derselben im Filterkörper.

Dagegen lassen sich zunächst theoretisch begründete Angaben über den mittleren Porendurchmesser in Abhängigkeit von der Korngröße des Ausgangspulvers machen.

11.31 *Berechnung des mittleren Porendurchmessers bei dicht gepacktem kugelförmigen Metallpulver*

Nach den grundlegenden Gleichungen, welche die dichteste Packung von kugeligen Körnern behandeln, ergibt sich nach P. FORCHHEIMER[77,78,79], Z. d. V. I., 1901, S. 1736 und Enzyklopädie der math. Wissenschaften, Abschnitt Hydraulik, S. 449, vgl. „Hütte“, Bd. I, 23. Aufl., Berlin 1920, S. 315:

a) Die Anzahl n_1 der Kugeln vom Durchmesser d im Querschnitt F beträgt

$$n_1 = \frac{1{,}15}{d^2} \cdot F. \tag{17}$$

b) Die Anzahl n_2 der Kugeln im Raum $F \cdot s$ (Volumen des Filterkörpers) beträgt

$$n_2 = \frac{1{,}41}{d^3} \cdot F \cdot s \qquad (s = \text{Stärke des Filters}). \tag{18}$$

c) Die Anzahl n_3 der Kugellagen auf der Strecke s beträgt

$$n_3 = \frac{\sqrt{3}}{d \cdot \sqrt{2}} \cdot s. \tag{19}$$

d) Die Oberfläche O aller Kugeln im Raume $F \cdot s$ beträgt

$$O = 4{,}44 \cdot F \cdot \frac{s}{d}. \tag{20}$$

e) Der Abstand der Mittelpunkte der ineinandergeschütteten Kugeln dichtester Packung beträgt

$$1 = \frac{d}{2} \cdot \sqrt{3}. \tag{21}$$

f) Das Volumen V aller kugelförmigen Körner gleichen Durchmessers, dichtest gepackt in einem cm³, ergibt sich dann zu

$$V = \frac{1{,}41}{d^3} \cdot \frac{\pi}{4} \cdot \mathrm{d}^3 = 0{,}738 \text{ cm}^3, \tag{22}$$

damit die Porosität bei dichtester Packung zu 26,2%, und zwar unabhängig vom Durchmesser des Korns, sofern dasselbe eine absolut gleichmäßige ideale Kugelform besitzt. In Wirklichkeit kann man jedoch nicht diese minimale Porosität erreichen, da eben die Kugelgestalt der Körner nicht ideal ist und ferner die Rauhigkeit der „inneren" Oberfläche der Poren berücksichtigt werden muß. Es können außerdem Brückenbildungen bei Schüttung und Rüttlung der Pulver auftreten. Die hier berechnete Porosität ist ferner nur ein Teil der Gesamtporosität, welche sich aus der Porosität für die durchgehenden Poren, von der hier ausschließlich die Rede ist, aus der Porosität für die zwar von außen zugänglichen, aber nicht durchgehenden Poren, d. h. blinden Poren, und aus der „inneren" Porosität, die sich auf diejenigen Poren bezieht, die von der Oberfläche des Filters her nicht zugänglich sind, zusammensetzt. Demzufolge beträgt die Gesamtporosität — nahezu unabhängig vom Korndurchmesser des Ausgangspulvers — bei Filtern aus nahezu gleichmäßigen, kugelförmigen Körnern etwa 40% (vgl. Tabelle 25), sofern keine besonderen Maßnahmen zur Offenhaltung der Poren bei der Sinterung vorgenommen werden, und sofern die Filter durch Sinterung geschütteter oder gerüttelter Pulver hergestellt wurden.

Auf Grund obiger Grundgleichungen läßt sich der Durchmesser der durch eine Pore gerade noch hindurchgehenden kugelförmigen Verunreinigungen, also der mittlere Porendurchmesser, berechnen. Die Rechnung führt (vgl. Abb. 36) dazu, daß der lineare Porendurchmesser

$$x = d \cdot \left(\frac{1}{\sin 60^\circ} - 1\right) = 0{,}155\, d \tag{23}$$

ist.

Dies bedeutet, daß der theoretische Porendurchmesser 15,5% des Korndurchmessers des Ausgangspulvers ist, sofern dasselbe sich nicht bei der Sinterung vergrößert hat. Wie wir bei der weiteren Betrachtung (vgl. unter 11.33) noch sehen werden, wird dieser Maximalwert, der sich aus der Theorie ergibt, zwar nicht ganz, aber doch angenähert erreicht. Man kann damit rechnen, daß der Porendurchmesser in der Praxis bei Körnern gleicher Größe und kugelförmiger Gestalt, wie sie unter den Bedingungen der hier beschriebenen Versuche erreichbar ist, zwar nicht 1/7, aber etwa 1/9 bis 1/10 der Korngröße des Ausgangspulvers sind.

Wenn die wirksame Porengröße experimentell nicht ganz so hoch gefunden wird, wie theoretisch erwartet werden muß, so liegt dies an folgenden Erscheinungen: Die Kugelgestalt der Körner ist nicht vollkommen ideal. Die Oberfläche der Poren ist nicht vollkommen glatt. Es treten Verjüngungen im Porenquerschnitt beim Durchgang der Poren durch das Filter auf. Die Verunreinigungen selbst, die durch das Filter hindurchgehen, sind nicht immer kugelförmig, sondern häufig „sperrig".

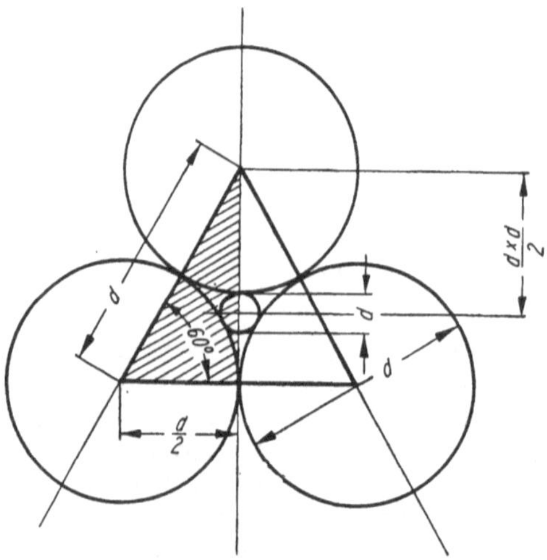

Abb. 36. Skizze zur Ableitung der Formel für die Berechnung des theoretischen Porendurchmessers

In diesem Zusammenhang sei noch folgende Bemerkung gemacht. Liegen in einem Filter mehrere Schichten von Körnern verschiedener Größe übereinander, so ist für die Durchflußmenge der filtrierten Flüssigkeit nur das kleinste Korn maßgebend, selbst wenn seine Schicht nur ganz schwach ist. Sind Mischungen von Körnern verschiedener Größe vorhanden, dann ist für die Durchflußmenge das kleinere Korn maßgebend[79] (vgl. Hütte, 23. Aufl., Bd. I, 1920, S. 315). Im Falle der Metallfilter muß man jedoch damit rechnen, daß Zwischenschichten kleinerer Körner nicht auftreten und daß die verwendete Kornfraktion des Ausgangsmetallpulvers relativ gleichmäßig ist.

Ein Filter kann als ein System aufgefaßt werden, in welchem zahlreiche rohrförmige Löcher von meist sehr kleinem Querschnitt vorhanden sind. Aus diesem Grunde können die Gesetze der Dynamik für Flüssigkeiten auch auf Filterkörper übertragen werden. Da die rohrförmigen Poren sehr klein sind, wird niemals eine turbulente Strömung auftreten können, wie sie bei Rohren größeren Querschnittes und bei hohen Fließgeschwindigkeiten entsteht. Dagegen spielt die Reibung der Flüssigkeit an den Porenwänden, besonders bei feinporigen Filtern, eine sehr große Rolle, wie unter 11.40 noch näher beschrieben werden wird.

11.32 *Kornverteilung der Verunreinigungen*

Die von einem Filter durchgelassene Flüssigkeit enthält Verunreinigungen der verschiedensten Größe, deren größte aber unter der kleinsten Porengröße des Filters liegen muß. Ein Bild von der wirksamen Porengröße kann man sich dadurch verschaffen, daß man die Kornverteilung der Verunreinigungen in der nichtfiltrierten Flüssigkeit mit derjenigen der Verunreinigungen in der filtrierten Flüssigkeit vergleicht. Dies ist in Abb. 37 geschehen. In dieser Abb. ist die Kornverteilung (prozentuale Häufigkeit) von Verunreinigungen in der Rohnaphtha, verglichen mit derjenigen von Naphtha, welche durch ein zur Endfilterung geeignetes DPG-Eisenfilter hindurchfiltriert wurde, wiedergegeben.

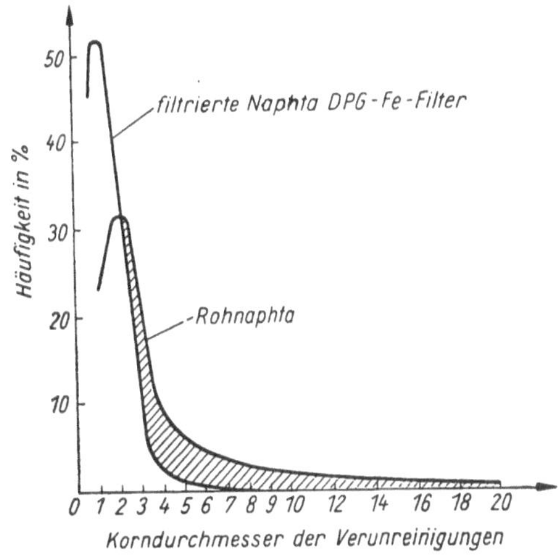

Abb. 37. Kornverteilungskurven für Roh- und über DPG-Fe-Filter filtrierte Naphtha

Der in Abb. 37 schraffierte Teil stellt den Anteil derjenigen Verunreinigungen dar, welcher von dem Filterwerkstoff zurückgehalten, also aus der Rohnaphtha entfernt worden ist.

Dies führt zu einer Betrachtung der Kornverteilung der Verunreinigungen in einer filtrierten Flüssigkeit, wobei wiederum Naphtha als zu filtrierende Flüssigkeit und DPG-Eisenfilter benutzt wurden. Es zeigt sich, daß sich eine Kornverteilnng ergibt, die angenähert durch eine Gaussche Verteilungskurve wiedergegeben werden kann. Dies geht im einzelnen aus Abb. 38 hervor, in welcher im Wahrscheinlichkeitsnetz die prozentuale Summe der Häufigkeiten in Abhängigkeit von der mikroskopisch festgestellten Korngröße der Verunreinigungen in der Rohnaphtha und der filtrierten Naphtha wiedergegeben ist.

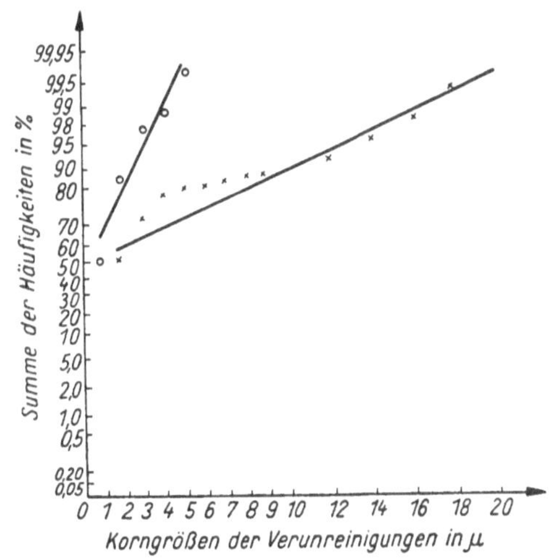

Abb. 38. Häufigkeit der Verunreinigungen im Roh- und filtrierter Naphtha im Wahrscheinlichkeitsnetz

Wie man sieht, ist diese Abhängigkeit angenähert durch eine Gerade gekennzeichnet, woraus zu schließen ist, daß die Verteilung der Verunreinigungen in der Naphtha angenähert der Gaussschen Verteilung entspricht. Dementsprechend läßt sich die Kornverteilung durch

a) den mittleren linearen Korndurchmesser der Verunreinigungen und

b) durch die Streuung, d. h. durch die Abweichung der einzelnen Korndurchmesser vom Mittelwert kennzeichnen.

Als mittlere lineare Korndurchmesser d ergibt sich

$$d = \frac{n_1 \cdot a + n_2 \cdot b + n_3 \cdot c + \ldots\ldots n_x \cdot x}{n}. \tag{24}$$

Hierin bedeuten $a, b, c \ldots\ldots x$ die Korndurchmesser der einzelnen Kornteilchen und $n_1, n_2, n_3 \ldots\ldots\ldots n_x$ die Anzahl der Körner, die für die Korndurchmesser $a, b, c \ldots\ldots$ x gemessen wurden. n ist die Gesamtzahl der Körner.

Die Streuung s gemäß der GAUSSschen Verteilungskurve ergibt sich aus

$$s = \pm \sqrt{\frac{n_1 (a-d)^2 + n_2 (b-d)^2 + n_3 (c-d)^2 + \cdots + n_x (x-d)^2}{n}}. \tag{25}$$

Wenn man sich ein Bild über die Größe der mittleren Korndurchmesser der stets kugelförmig gedachten Körner der Verunreinigungen machen will, die sich aus der mittleren Fläche oder aus dem Volumen bzw. Gewicht ergeben, dann berechnet sich der mittlere Korndurchmesser d_f, über die Fläche gerechnet, aus der Gleichung

$$d_f = \sqrt{\frac{n_1 \cdot a^2 + n_2 \cdot b^2 + n_3 \cdot c^2 + \ldots\ldots\ldots n_x \cdot x^2}{n}} \tag{26}$$

und der mittlere Korndurchmesser d_v, über das Volumen bzw. Gewicht gerechnet, aus der Gleichung

$$d_v = \sqrt[3]{\frac{n_1 \cdot a^3 + n_2 \cdot b^3 + n_3 \cdot c^3 + \ldots\ldots\ldots\ldots n_x \cdot x^3}{n}}. \tag{27}$$

Vergleicht man die prozentuale Streuung der linear errechneten mittleren Korndurchmesser der Verunreinigungen mit der Streuung der Korngrößen, die über die Flächen oder über das Volumen gerechnet wurden, dann ergibt sich, daß die prozentuale Streuung am geringsten bei dem volumenmäßig errechneten mittleren Korndurchmesser ist. Dies geht im einzelnen aus Tabelle 50 hervor, in welcher die verschiedenen prozentualen Streuungen für die Kornfraktionen 0,50 bis 0,60 und 0,20 bis 0,30 mm einander gegenübergestellt sind.

TABELLE 50

Vergleich der Streuung zwischen linear-, flächen- und volumenmäßig errechnetem Porendurchmesser

Kornfraktion in mm	mittlerer Poren-∅ ermittelt			Tatsächl. Streuung bei Ermittlung			Prozentuale Streuung bei Ermittlung		
	linear	flächm. in μ	volm.	linear	flächm. in μ	volm.	linear plus	flächm. — minus	volm.
0,50—0,60	17,6	26,2	37,5	19,3	21,2	27,9	109,8	81,2	74,6
0,20—0,30	11,7	13,9	16,5	7,36	7,72	8,81	63,0	55,6	53,1

Die der Rechnung zugrunde liegenden Zahlenwerte entstammen den späteren Tabellen 52a und b, in welchen die Kornverteilung von Verunreinigungen in der Naphtha angegeben ist, die beim Filtrieren durch Filter verschiedenen Filtergrades (Porengröße) erhalten wurde.

11.33 *Angenäherte Bestimmung der mittleren Porengröße*

Der wirksame Porendurchmesser in einem Filterkörper läßt sich, wie wir gesehen haben, nicht direkt messen, sondern nur theoretisch unter Annahme von idealen Kornverhältnissen bestimmen. Es ist also notwendig, diese für den Gütegrad eines Filters maßgebende Eigenschaft auf Grund experimenteller Daten *indirekt* festzustellen. Der mittlere Porendurchmesser ist offenbar, wie gleichfalls bereits auseinandergesetzt wurde, durch den kleinsten Korndurchmesser der Verunreinigungen gegeben, die durch das Filter nicht mehr hindurchgehen oder — was gleichbedeutend ist — durch den größten Korndurchmesser der Verunreinigungen, die vom Filter eben gerade noch durchgelassen werden.

Nimmt man nun eine Kornverteilungskurve der Verunreinigungen, die durch das Filter hindurchgehen, durch mikroskopische Bestimmung der Größe der einzelnen Verunreinigungen und durch Feststellung der diesen Größen zuzuordnenden Stückzahlen auf, dann ist der mittlere Porendurchmesser gegeben durch die Korngrößengrenze, bei der nur noch vereinzelte Verunreinigungen durch das Filter hindurchgehen. Aus den Zahlenwerten der späteren Tabelle 52 ist ersichtlich, daß die Porengröße durch die in der vorangehenden Tabelle 51 angegebenen Korngrößen der Verunreinigungen gegeben ist.

TABELLE 51

Wirksame Porengröße von Eisenfiltern, hergestellt durch Sinterung lose geschütteter Pulver kugelförmiger Gestalt und gleichmäßiger Kornfraktion

Kornfraktion mm	Mittlerer Korndurchmesser in μ	Korngröße der Verunreinigungen, die durch Filter eben noch hindurchgehen in μ	Mittlerer Poren-∅ in μ	Verhältnis v. Poren ∅ zum ∅ des Ausgangskorns
0,60—0,70	650	60—90	65	10,0
0,50—0,60	550	45—75	55	10,0
0,40—0,50	450	45—60	48	10,6
0,30—0,40	350	30—45	35	10,0
0,20—0,30	250	22—30	27	10,8
DPG-Pulver Fe veredelt				
0,20—0,30	250	22—30	27	10,8
0,15—0,20	175	15—20	17,5	10,0
0,10—0,15	125	12—15	13,5	10,8
0,085—0,10	93	8—10	9,5	10,2

Die hier gemachten Feststellungen beruhen auf Unterlagen, die in der bereits mehrfach erwähnten Tabelle 52 über die Kornverteilung der von Filtern verschiedenen Filtergrades durchgelassenen Verunreinigungen enthalten sind. Die Tabelle bezieht sich auf Filter aus verschiedenen Kornfraktionen von Eisenpulvern, welche durch Zerkleinerung von eingekerbten Drähten in der Kreuzschlagmühle, gemäß dem unter 3.42 beschriebenen Verfahren, hergestellt

TABELLE 52a

Kornverteilung der von Eisenfiltern, hergestellt aus kugeligen Pulvern verschiedener Ausgangskorngröße, durchgelassenen Verunreinigungen

Kornfraktion des Ausgangspulvers in mm	Mittlerer linearer Durchmesser des Ausgangspulvers in μ	Mikroskopisch festgestellte Kornverteilung der in der filtrierten Naphtha enthaltenen Verunreinigungen	
		Korndurchmesser in μ	Stückzahl
0,60—0,70	650	180	1
		150	8
		120	7
		90	10
		75	16
		60	16
		45	32
		30	78
		15	273
		8	359
0,50—0,60	550	180	1
		150	5
		120	6
		90	12
		75	14
		60	21
		45	39
		30	86
		15	296
		8	560
0,40—0,50	450	150	1
		120	4
		90	5
		75	17
		60	19
		45	32
		30	62
		15	292
		8	490
0,30—0,40	350	90	3
		75	3
		45	14
		30	26
		15	137
		8	242
0,20—0,30	250	45	5
		30	18
		15	93
		8	213

TABELLE 52b

Kornverteilung der von Eisenfiltern, hergestellt aus veredelten DPG-Pulvern verschiedener Ausgangskorngröße, durchgelassenen Verunreinigungen

Kornfraktion des Ausgangspulvers in mm	Mittlerer linearer Durchmesser des Ausgangspulvers in μ	Mikroskopisch festgestellte Kornverteilung der in der filtrierten Naphtha enthaltenen Verunreinigungen	
		Korndurchmesser in μ	Stückzahl
0,20—0,30	250	45 30 15 8	5 18 105 241
0,15—0,20	175	45 30 15 8	1 18 111 317
0,10—0,15	125	30 22 15 8	5 6 50 153
0,085—0,10	93	22 15 8	3 16 71

wurden. Im einzelnen wurden die Kornfraktionen von 0,20 bis 0,70 mm untersucht, und zwar 0,20 bis 0,30 mm, 0,30 bis 0,40 mm, 0,40 bis 0,50 mm, 0,50 bis 0,60 mm und über 0,60 mm. Der untere Teil der Tabelle bezieht sich auf Filter aus feineren Kornfraktionen zwischen 0,085 bis 0,30 mm, hergestellt aus in der Kreuzschlagmühle veredeltem DPG-Eisenpulver (Abrundung der Körner zu mehr oder weniger idealer kugelförmiger Korngestalt), entsprechend dem unter 3.43 beschriebenen Verfahren. Es wurden die Kornfraktionen 0,085 bis 0,10 mm, 0,10 bis 0,15 mm, 0,15 bis 0,20 mm und 0,20 bis 0,30 mm verwendet.

11.40 *Einfluß der Reibung von Filterflüssigkeiten*

Für die Durchlässigkeit eines Filters ist bei sonst gleichartigen Filterbedingungen (z. B. Filterüberdruck, Filterdicke usw.) offenbar der mittlere Porenquerschnitt in erster Linie maßgebend. In Tabelle 53 haben wir die Durchlässigkeit von Eisen- bzw. DPG-Filtern verschiedenen Filtergrades (wirksamer Porenquerschnitt), hergestellt durch Sinterung lose geschütteter Pulver kugelförmiger Korngestalt und verschiedener Kornfraktionen, gegenüber Naphtha bei 0,2 atü angegeben, wie sie von uns experimentell bestimmt wurde.

TABELLE 53

Zusammenhang zwischen Durchlässigkeit und mittlerer Porengröße von Eisen- und DPG-Filtern

Kornfraktion des Ausgangspulvers in mm	Mittl. Poren-∅ vgl. Tab. 51 in μ	Wirksamer mittl. Porenquerschnitt in μ^2	Anzahl der Poren pro cm^2	Durchlässigkeit geg. Naphtha bei 0,2 atü $cm^3/min/cm^2$
0,60—0,70	65	3320	274	1073
0,50—0,60	55	2380	380	1012
0,40—0,50	48	1810	500	947
0,30—0,40	35	962	940	902
0,20—0,30	27	572	1578	752
DPG-Fe veredelt				
0,20—0,30	27	572	1578	620
0,15—0,20	17,5	241	3760	388
0,10—0,15	13,5	143	6320	260
0,085—0,10	9,5	71	12750	180

Wie aus der Auswertung der Spalten 3 und 4 der Tabelle 53 hervorgeht, ist der Gesamtporenquerschnitt aller auf 1 cm^2 Filterfläche vorhandenen Poren unabhängig von der jeweiligen Porengröße, und zwar immer der gleiche, nämlich 0,905 mm^2. Dies bedeutet, daß bei gleicher Reibung der Filterflüssigkeit in den Poren die Durchflußmenge die gleiche sein müßte. Dies ist aber keineswegs der Fall. Die Durchflußmenge nimmt mit Verkleinerung des Porenquerschnittes

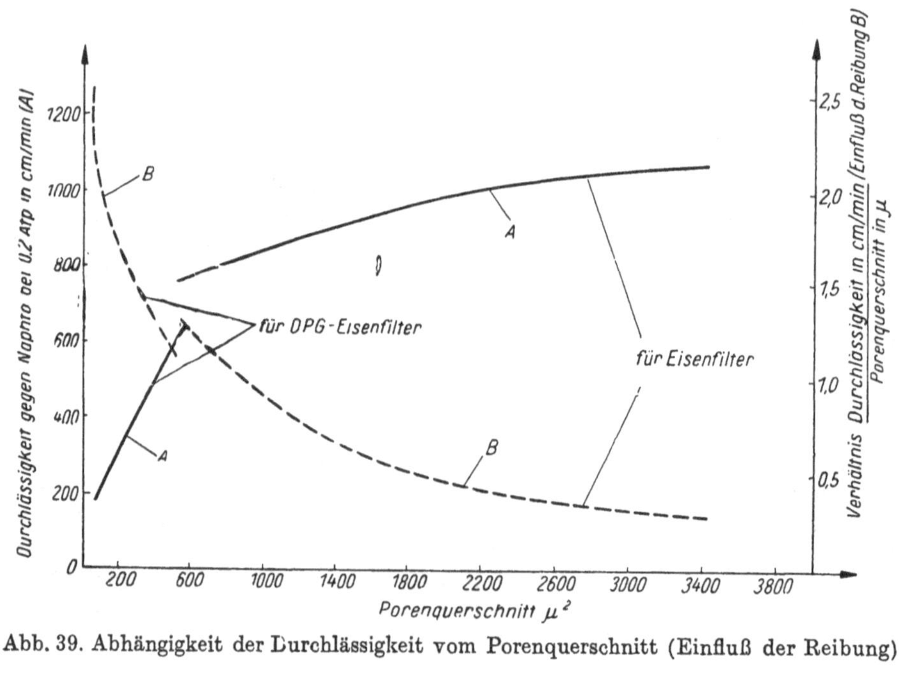

Abb. 39. Abhängigkeit der Durchlässigkeit vom Porenquerschnitt (Einfluß der Reibung)

sehr stark ab, wie dies im einzelnen aus der Tabelle 53 und zur besseren Verdeutlichung aus Abb. 39 ersichtlich ist. Dies ist zweifellos darauf zurückzuführen, daß mit Verkleinerung der Poren die Reibung der Flüssigkeit an den Porenwänden stark zunimmt.

Aus diesem Grunde haben wir in der gleichen Abbildung auch noch das Verhältnis von Durchlässigkeit zum Porenquerschnitt festgehalten, welches offensichtlich ein Maß für die in den Poren auftretende Reibung darstellt.

Nach Hütte[79], Bd. I, 23. Aufl., Berlin 1920, S. 315, ist der Wert für die Reibungszahl für glatte Flächen bei kreisförmigem Querschnitt 0,012 bis 0,030. Für besonders glatt polierte Flächen kann die Reibungszahl mit 0,008 bis 0,010 geschätzt werden. Bei den inneren Poren von Filtern muß jedoch damit gerechnet werden, daß es sich um keine glatten, sondern vielmehr um sehr rauhe Flächen handelt, so daß die Reibungszahl wesentlich höher liegen muß. Ein Filter wird am günstigsten bezüglich seiner Durchlässigkeit dann sein, wenn die innere Oberfläche der Poren möglichst glatt und die Reibungszahl niedrig ist. Dies ist ein Gesichtspunkt, der für die zukünftige Weiterentwicklung von Metallfiltern von Bedeutung sein kann. In diesem Zusammenhang sei auf das bereits erwähnte amerikanische Patent von MARVIN und KOEHLING hingewiesen, wo durch Galvanisierung der inneren Poren — mit aus Flüssigkeiten oder aus Dämpfen abgeschiedenen Metallen — systematisch eine Verbesserung der Glattheit der inneren Oberfläche der Poren angestrebt wird.

11.50 *Abhängigkeit der Filterdurchlässigkeit von der Viskosität der zu filtrierenden Flüssigkeit*

Für die Durchlässigkeit von Filtern gegenüber Flüssigkeiten ist auch die Viskosität derselben von großer Bedeutung. Dabei ist zunächst festzustellen, daß die Viskosität der Flüssigkeitsart stark temperaturabhängig ist. Aus Literaturangaben[79] (entnommen Hütte, Bd. I, Berlin 1920) ergeben sich im Vergleich zu Wasser bei 20°C die in Tabelle 54 angegebenen Verhältniszahlen für die Durchlässigkeiten gegenüber anderen Flüssigkeiten.

Die bei Raumtemperatur von uns ermittelten Verhältniszahlen der Durchlässigkeit von Wasser im Vergleich zu Naphtha befinden sich in guter Übereinstimmung mit den Werten dieser Tabelle zwischen 6 und 8.

11.60 *Verunreinigungen in handelsüblicher Naphtha*

Für den Filterprozeß ist neben der Größe des Korns der in der Filtrierflüssigkeit vorhandenen Verunreinigungen ihre auftretende Häufigkeit (Menge) wichtig. Je stärker die Filtrierflüssigkeit verunreinigt ist, um so leichter kann sich das Filter versetzen und verblinden, sofern die Verunreinigungen in die Poren des Filterkörpers eindringen können. Die im Handel befindliche Naphtha, welche uns als Filterflüssigkeit bei unseren Versuchen besonders interessiert hat, ist stark unterschiedlich in bezug auf den Gehalt an Verunreinigungen und, wie bereits unter 10.10 ausgeführt wurde, auch im Hinblick auf die Art derselben.

In der Praxis verwendet man meist als Treibstoff für Dieselfahrzeuge folgende Naphthasorten:

a) natürliche Naphtha,
b) synthetische Naphtha und

TABELLE 54

Durchlässigkeit von Flüssigkeiten im Vergleich zu Wasser bei 20° C

Art der Flüssigkeit	Verhältnis der Durchlässigkeit gegenüber Wasser bei 20° C
Quecksilber	1,01
Alkohol	1,10
Terpentin	1,1 bis 1,3
Mineral-Lampenöl (Petroleum)	1,1 bis 1,2
Naphtha	6 bis 8
Leinöl	9 bis 11
Rüböl	15 bis 22
Dünnflüssiges Mineral-Schmieröl (Erstarrungspunkt minus 15° C)	18 bis 20
Dickflüssiges Mineral-Schmieröl (Erstarrungspunkt minus 20° C)	30 bis 45
Dickflüssiges Mineral-Schmieröl (Erstarrungspunkt minus 5° C)	45 bis 60
Rizinusöl	203 bis 377

c) Mischungen von natürlicher und synthetischer Naphtha z. B. im Verhältnis 1 : 1.

Nach einer uns von s. MLADEK des VÚMV, Praha-Libeň, gemachten Angabe ist die natürliche Naphtha am reinsten. Sie enthält weit weniger Verunreinigungen als die synthetische Naphtha. Den größten Gehalt an Verunreinigungen weisen Mischungen von natürlicher und synthetischer Naphtha auf. Hieraus ist zu schließen, daß beim Mischen der beiden Naphthasorten Reaktionen auftreten, welche eine Bildung von zusätzlichen Verunreinigungen zur Folge haben.

Die gewichtsmäßige Bestimmung der Menge der Verunreinigungen läßt sich leicht dadurch durchführen, daß eine bestimmte Menge der Naphtha durch feinstes Filterpapier (Blaubandfilter) filtriert wird, welches mit Sicherheit alle Verunreinigungen unter z. B. 0,5 μ zurückhält. Diese auf dem Filter befindlichen Verunreinigungen können nach vorsichtiger Trocknung des Filters leicht und genau durch Wägung bestimmt werden.

Man kann auch die Verunreinigungen, die, wie schon erwähnt, der verschiedensten Art sein können, und daher unterschiedliche spezifische Gewichte haben, volumenmäßig bestimmen. Es läßt sich dann das mittlere spezifische Gewicht der Verunreinigungen durch Vergleich der Volumen und der tatsächlichen Gewichte ermitteln.

Bei der volumenmäßigen Bestimmung der Verunreinigungen ist festzustellen, daß kleine Stückzahlen von gröberen Körnern das Ergebnis in entscheidender Weise beeinflussen können. Einige wenige grobe Körner können unter Umständen dasselbe Gewicht haben wie eine Vielzahl kleinster Verunreinigungen. Dies geht im einzelnen aus Tabelle 55 hervor, in welcher die Verunreinigungen in ungereinigter Naphtha ermittelt wurden. Zum Vergleich sind die Verunreinigungen dieser Naphtha nach ihrer Filtrierung durch ein Cellulosefilter bzw. Metallfilter (DPG-Fe-Filter) festgestellt worden.

Die ungereinigte Naphtha enthält somit 28,7 mm³ in 1000 l, die durch das Cellulosefilter gereinigte Naphtha nur 4,3 und die durch das Metallfilter filtrierte Naphtha 0,406 mm³ in 1000 l an Verunreinigungen. Durch das Filter aus DPG-Eisen wurden demnach aus der Rohnaphtha 98,6% Verunreinigungen

TABELLE 55

Volumenmäßige Bestimmung der Verunreinigungen in 50 cm³ Naphtha

Größe der Verunreinigungen in μ	Rohnaphtha		Filtriert durch Cellulosefilter		Filtriert durch DPG-Fe-Filter	
	Zahl	Volumen $mm^3 \cdot 10^{-9}$	Zahl	Volumen $mm^3 \cdot 10^{-9}$	Zahl	Volumen $mm^3 \cdot 10^{-9}$
1	2480	1300	1410	738	2040	1168
2	3460	15500	2640	10700	1290	5410
3	1950	28900	1670	24700	460	6810
4	570	19100	430	14400	60	2015
5	550	35900	310	24800	30	1960
6	300	33900	280	31600	10	1130
7	170	30700	130	23600	10	1800
8	280	75000	90	24000		
9	120	39200	50	16350		
10	310	164000	50	26400		
12	320	287000	20	17900		
14	200	286000				
16	80	172000				
18	40	122000				
20	30	125000				
Gesamtvolumen in mm³		0,001435		0,000215		0,0000205

entfernt, durch das Filter aus Cellulose lediglich 85,1%, was natürlich auf die wesentlich größere Porengröße des letzteren Filters zurückzuführen ist. Damit dürfte ein einwandfreier Beweis für die Qualität der nach dem Verfahren des VÚPM-Vestec u Prahy hergestellten DPG-Fe-Filter erbracht worden sein, da sie praktisch alle in der Naphtha enthaltenen Verunreinigungen beseitigen.

11.70 *Vergleich der Wirksamkeit von Metallfiltern inländischer und ausländischer Herkunft*

Die Wirksamkeit W eines Filters haben wir als das Verhältnis von Durchlässigkeit D zum mittleren Porenquerschnitt $d^2 \cdot \pi/4$ definiert, wobei es sich um eine rein technische Größe handelt, die keine wissenschaftliche Bedeutung besitzt[56, 57] (vgl. K. OCETEK, Vortrag in Brno auf der 2. Pulvermetallurgischen Tagung, April 1953, und SBORNÍK ČSAV, Pokroky v práškové metalurgii, Praha 1954, S. 372).

Wir haben nun einen zahlenmäßigen Vergleich der Wirksamkeit metallischer Filter in- und ausländischer Erzeugung dadurch vorgenommen, daß wir einige in der Literatur angegebenen Werte der Durchlässigkeit und der mittleren

Porengröße den Zahlenwerten gegenübergestellt haben, die wir bei den Versuchsarbeiten des VÚPM-Vestec u Prahy erhalten haben. Dabei wurden die verschiedensten Werkstoffe in den Vergleich einbezogen. Die ausländischen Zahlenangaben beziehen sich auf Bronzefilter und sind den Prospekten der Oilite Ltd. Corp.[29] einerseits und der Sintered Products Corp.[31] andererseits entnommen.

Die inländischen Meßergebnisse beziehen sich vorzugsweise auf Filter aus DPG-Fe, jedoch auch aus Bronze und Nickel. In allen Fällen wurden Filter verschiedenen Filtergrades (fein, mittel und gröber) berücksichtigt. Die Ergebnisse dieses Vergleiches sind in Tabelle 56 zusammengestellt. In der Tabelle sind die Durchlässigkeiten, die wirksamen mittleren Porendurchmesser und die daraus berechneten Filterwirksamkeiten angeführt.

Bei einer kritischen Beurteilung der in der Tabelle angegebenen Ergebnisse ist zu berücksichtigen, daß die Bronze- und Nickelfilter der inländischen Erzeugung noch aus den ersten Anfängen der Versuche stammen. Es ist durchaus möglich, daß durch die spätere Verbesserung und Vervollkommnung der Verfahrenstechnik auch Bronze- und Nickelfilter eines höheren Gütegrades erzeugt werden können. Bei den im Inland hergestellten Nickelfiltern handelt es sich um Sinterprodukte, die aus agglomerierten Pulvern erzeugt wurden. Hier können besondere Umstände mitwirken, durch welche trotz eines Tränkungsmittels (in diesem Falle $NiCl_2$) eine Beeinträchtigung der Filterwirksamkeit eintreten kann. Es kann dies z. B. dadurch geschehen, daß in das agglomerierte Pulver, welches kein sehr stabiles Gebilde darstellt, das Tränkungsmittel eindringt, wodurch praktisch eine Verfeinerung des Ausgangspulvers infolge Zerstörung der agglomerierten Sekundärkristalle eintritt.

Wie aus den Zahlenangaben der Tabelle 56 ersichtlich ist, ist die Wirksamkeit der im Inland erzeugten Metallfilter eine größere als die der ausländischen Filter, als deren Exponenten die Produkte der Oilite Ltd. Co. und der Sintered Products Corp. gewählt wurden. Dieser Unterschied in der Wirksamkeit der metallischen Filter tritt besonders deutlich bei den Filtern aus DPG-Eisen in Erscheinung, deren Gütegrad fast eine Größenordnung höher liegt als der der ausländischen Bronzefilter.

Es ist klar, daß nach den Gründen dieser Erscheinung gefragt werden muß. Der Unterschied in der Erzeugung der in- und ausländischen Filter liegt nicht so sehr in der Korngestalt des Ausgangspulvers. In beiden Fällen bemüht man sich, von Pulvern kugelförmiger Korngestalt auszugehen. Dagegen liegt ein prägnanter Unterschied in der Erzeugungstechnik darin, daß, soweit dies aus den Prospekten der oben genannten Firmen ersichtlich ist, bei den ausländischen Produkten kein Füllstoff benutzt wird, welcher die Poren bei der Sinterung offen halten soll. Dies ist aber bei den im Inland hergestellten Metallfiltern. der Fall.

Außer dem vorerwähnten Unterschied in der Verfahrenstechnik können auch noch folgende Umstände eine Rolle spielen:

a) die bessere Gleichmäßigkeit in der Korngestalt der Ausgangspulver bei den inländischen Erzeugnissen;

b) eine besondere Rundheit der Poren und eine bessere Gleichmäßigkeit des Porenquerschnittes, erzwungen durch einen Zusatz an verdampfbaren oder sich zersetzenden Füllstoffen und

TABELLE 56

Vergleich der Wirksamkeit von Filtern in- und ausländischer Herkunft

Werkstoff	Erzeuger	Korngröße des Ausgangspulvers in μ	Tränkungsmittel in %	Durchlässigkeit gegen Naphtha 1 at cm³/min/cm²	Wirks. Porengröße in μ	Filterwirksamkeit × 10⁸	Mittel
Bronze	Oilite	10 (fein)	—	13,3	2	4,25	1,91
		20 (mittel)	—	21,7	5	1,10	
		30 (gröber)	—	28,7	10	0,37	
Bronze	Sintered Products Corp.	70 (fein)	—	155	13	1,16	1,92
		150 (mittel)	—	1750	30	2,47	
		250 (gröber)	—	4150	50	2,12	
Nickel agglomeriert	VÚPM	30—60	$NiCl_2$ 3	21	2,5	4,30	3,40
			7,5	37	4	3,10	
			10	55	5	2,80	
Bronze	VÚPM	5 (fein)	$CuCl_2$ 10	12	2	4,25	3,43
		20 (mittel)	10	25	3	3,55	
		50 (gröber)	20	51	5	2,60	
DPG-Fe	VÚPM	bis 60	$FeCl_3$ 3	35	2	11,2	18,2
		60—100	5	120	3	16,9	
		60—150	3	145	3,5	15,1	
		100—200	3	280	4	22,3	
		100—200	5	420	5	22,1	
		200—300	3	1150	8	23,0	
		200—300	5	1300	10	16,6	

c) eine größere Glattheit der inneren Porenoberfläche, wodurch eine geringe Reibung der Flüssigkeit an den Porenwänden, vor allem bei feinporigen Filtern, gewährleistet ist.

Im Hinblick auf die hohe Wirksamkeit der im Inland erzeugten Metallfilter darf man wohl mit Recht den Standpunkt vertreten, daß die Anwendung der im VÚPM-Vestec u Prahy entwickelten Erzeugungsmethoden zu einer wesentlichen Verbesserung der Filtereigenschaften geführt hat.

12.00 Technische Anwendung von pulvermetallurgisch hergestellten Metallfiltern und anderer artverwandter poröser Sinterkörper

Die Anwendung, welche poröse, auf pulvermetallurgischem Wege hergestellte Sinterkörper und im besonderen metallische Filter bisher in der Technik gefunden haben, ist sehr groß und verschiedenartig. Im Kapitel 1.20 ist bereits an Hand der historischen Entwicklung kurz berichtet worden, welche Bedeutung metallische Filter im engeren und poröse Sinterkörper im weiteren Sinne für viele Zweige der Technik in den letzten 10 bis 15 Jahren gewonnen haben, ohne daß indessen die Anwendungsmöglichkeiten dieser Gegenstände vollständig ausgeschöpft erscheinen. Im folgenden gehen wir näher auf die technische Anwendung von metallischen Filterkörpern ein. Dabei wollen wir zwischen porösen Sinterkörpern, die unmittelbar der Filtrierung von Flüssigkeiten oder Gasen und damit der Beseitigung von Verunreinigungen aus ihnen dienen, also den Filtern im engeren Sinne, und anderen, pulvermetallurgisch hergestellten porösen, gesinterten Erzeugnissen, bei denen die Porosität und Durchlässigkeit des Körpers in anderer Weise ausgenutzt wird, unterscheiden. Zu den letztgenannten Gegenständen gehören an sich poröse, selbstschmierende Lager, die indessen in diesem Buch keine Berücksichtigung gefunden haben, obwohl sie mengenmäßig und auch wertmäßig einen sehr bedeutenden Anteil an der pulvermetallurgischen Erzeugung in fast allen Industrieländern haben. Es handelt sich hier um ein Sondergebiet, welches in allen größeren pulvermetallurgischen Enzyklopädien bereits eine sehr eingehende Behandlung erfahren hat.

Es muß vorausgeschickt werden, daß eigentlich fast immer Sinterkörper — zum mindesten in den Fällen, wo die Sinterung nicht in Gegenwart einer flüssigen Phase durchgeführt wird — als mehr oder weniger porös anzusehen sind und nicht oder nur sehr selten in vollständig dichter, kompakter Form erhalten werden können. Während man sich in der Mehrzahl der Anwendungsfälle bei pulvermetallurgisch hergestellten Erzeugnissen bemüht, möglichst dichte Sinterkörper geringer Porosität aus technologischen Gründen zum Einsatz zu bringen, ist hier ausschließlich von Gegenständen die Rede, bei denen eine hohe Raumerfüllung der Sinterkörper unerwünscht ist und dem Verwendungszweck widersprechen würde. Man erzeugt vielmehr in den hier behandelten Fällen bewußt und durch Anwendung der verschiedensten, in den vorhergehenden Abschnitten beschriebenen technischen Mittel und Maßnahmen Sinterkörper mit höherer, meist aber sehr hoher Porosität. Dabei kommt es sehr wesentlich darauf an, den Herstellungsprozeß so zu lenken, daß Sinterkörper jeder gewünschten Porosität und Porengröße erhalten werden. Entsprechend dem Verwendungszweck muß gefordert werden, daß die Porosität eine absolut gleichmäßige ist und daß der Sinterkörper trotz seiner hohen Porosität gute mechanische und technologische Eigenschaften besitzt. Er muß also z. B. hart, verschleißfest usw. sowie fest genug sein, um den auftretenden Beanspruchungen bei seiner technischen Anwendung einen ausreichenden Widerstand leisten zu können.

12.10 *Metallische Filter im engeren Sinne*

Das ureigene und primäre Anwendungsgebiet metallischer Filter besteht darin, Verunreinigungen, Fremdstoffe usw. der verschiedensten Art und Größe aus Flüssigkeiten oder Gasen in möglichst vollkommener und wirtschaftlicher Weise zu beseitigen. Dabei besteht kein prinzipieller Unterschied zwischen der Reinigung von Flüssigkeiten und Gasen. Die Durchlässigkeit metallischer Filter gegenüber Gasen, Luft, Dämpfen usw. ist lediglich eine — um Größenordnungen — höhere als gegenüber Flüssigkeiten, im besonderen solchen einer großen Viskosität. Der Vorgang besteht darin, daß das Filtermedium (Flüssigkeit oder Gas) durch das Filter hindurchgedrückt wird, wobei je nach den Umständen mehr oder weniger hohe Drücke zur Anwendung kommen können. Bei der Reinigung von Gasen sind die Filterüberdrücke meist sehr klein.

12.11 *Metallfilter für das Filtrieren von Gasen*

Bei der Filtrierung von Gasen, wie Luft, kann es sich um die Entfernung staubförmiger Verunreinigungen, aber auch um die Beseitigung von Feuchtigkeit handeln. Von russischer Seite (BALSHIN in seinem Buch „Pulvermetallurgie") wird z. B. der Einsatz von porösen Metallfiltern in Trockenvorrichtungen für Kühlanlagen beschrieben. Die Feuchtigkeit der Luft wird dabei durch Silikagel beseitigt, welches zwischen zwei metallischen Filtern gelagert ist (vgl. Abb. 40). Das Filter ist auf der Eintrittsseite (in Abb. rechts) kegelförmig und im Preßsitz eingesetzt, was bei der sehr guten Verformbarkeit der meisten porösen Werkstoffe möglich ist. Durch dieses Filter wird eine gute und gleichmäßige Verteilung des Luftstroms beim Durchgang durch das Silikagel erreicht. Das Filter auf der Austrittsseite (in der Abb. links) ist eine Abschlußplatte, die ein Mitreißen des Silikagels durch den Luftstrom verhindern soll.

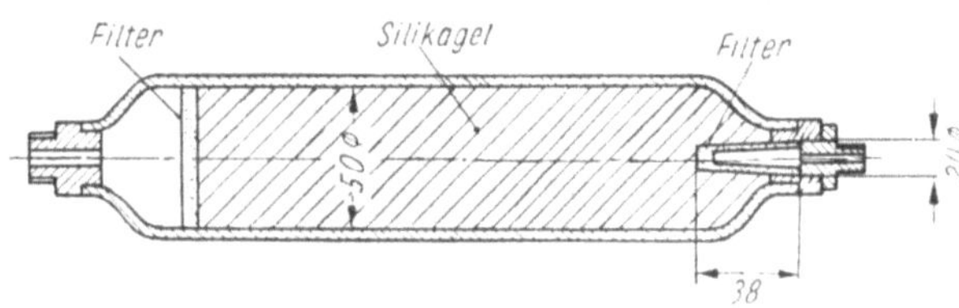

Abb. 40. Trockenvorrichtung für Kühlanlagen mit metallischen Filtern

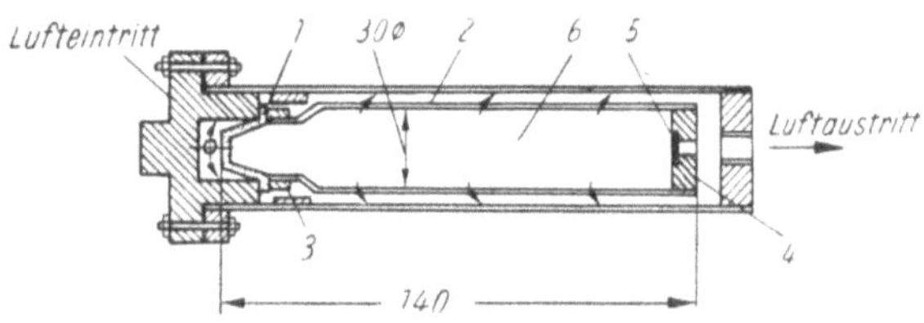

Abb. 41. Filtervorrichtung zur Trocknung von Luft bei gleichzeitiger Regelung des Luftstroms und des Luftdruckes

Mit dem Filtrieren von Gasen wird häufig nicht nur der Zweck verfolgt, in ihnen befindliche Fremdstoffe oder Feuchtigkeit zu beseitigen, sondern gleichzeitig auch den Luftstrom und vor allem den Luftdruck zu regulieren. Das

Filter setzt dem durchströmenden Gas einen Widerstand entgegen, wodurch die Regelung des Druckes in einfacher Weise ermöglicht wird. Das in Abb. 41 schematisch gezeigte Filteraggregat dient sowohl der Trocknung von Luft als auch der Regulierung des Luftdruckes. Der Eintritt der Luft erfolgt in der Abb. links, der Luftaustritt rechts. 1 ist ein grobporiges Filter, welches die Geschwindigkeit des Luftstroms und den Luftdruck regelt; 2 ist ein feinporiges Filter, welches die Luft von Silikagelteilchen reinigt; 3 ist eine Buchse aus nichtrostendem Stahl; 4 ein Einsatzstück zum Festhalten des porösen Filterkörpers mit gebogenem Rand; 5 ein Schauglas und 6 das Trocknungsmittel (Silikagel).

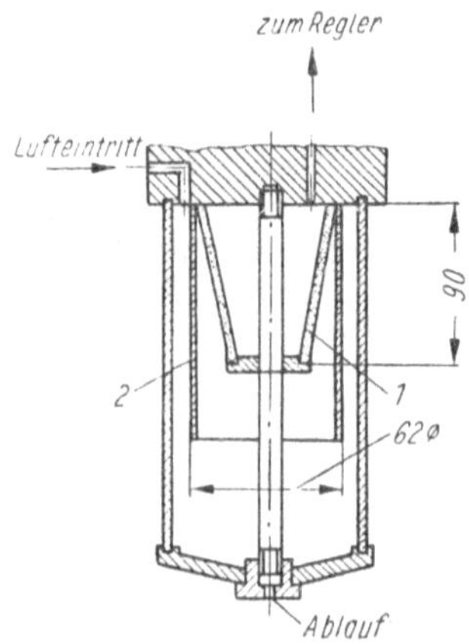

Abb. 42. Poröses Filter zur Reinigung von Luft und zur Druckregelung

Das in Abb. 42 gezeigte poröse Metallfilter dient ebenfalls der Reinigung der Luft von Staub sowie Feuchtigkeit und einer Druckregelung. Derartige Vorrichtungen finden z. B. in Farbzerstäubungsanlagen Verwendung. Der Luftzutritt erfolgt im Bilde oben links. Im Bilde rechts oben ist die Luftzufuhr zum Regler angegeben, im Bild unten der Wasserabfluß. 1 ist das poröse Metallfilter, 2 ein metallischer Schirm.

Abb. 43 zeigt ebenfalls nach BALSHIN eine Filter- und Zentrifugenanlage, welche sowohl zur Reinigung von Gasen als auch Flüssigkeiten benutzt werden kann. Das poröse Filter ist durch den Buchstaben a in der schematischen Zeichnung angedeutet. Das Filtermedium tritt im Bilde rechts ein, der Austritt erfolgt im Bilde links.

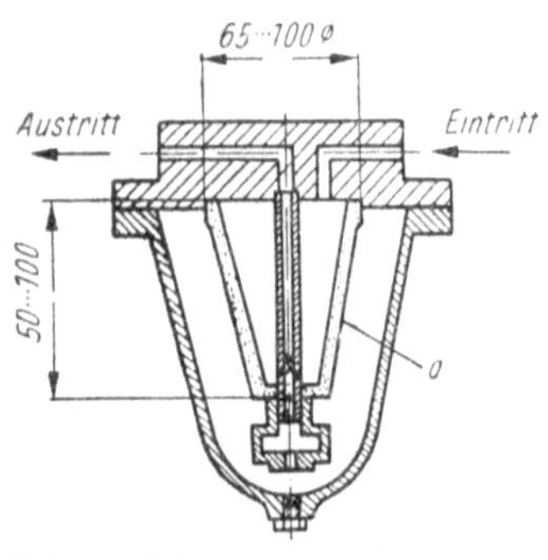

Abb. 43. Filtrierungs- und Zentrifugenanlage zur Reinigung von Gasen und Flüssigkeiten nach BALSHIN

Ein weiteres Anwendungsbeispiel poröser metallischer Filter ist der Einbau derselben als Vorrichtung in explosionssicheren Motoren. Abb. 44 zeigt eine derartige Vorrichtung, wie sie zur Zirkulation von Luft bei explosionssicheren Motoren verwendet wird. Das poröse Filter, durch welches die Luft strömt, wirkt hier als Flammendämpfer, welcher die Zündwirkung des Funkens zurückhält. 1 ist das poröse metallische Filter, 2 eine Stahlbuchse.

Weiter werden bereits heute metallische Filter zur Stoßdämpfung beim Einlassen eines komprimierten Gases bei der Trennung von Gasgemischen benutzt sowie zur Regulierung durchlaufender Gase in Meß- und Verteilungsanlagen. Weitere Anwendungen bestehen in der Entstaubung von Luft in Klimaanlagen, Druckluftkammern usw.

Ein weiteres Problem, welches mit Hilfe von metallischen Filtern gelöst werden kann, betrifft die Filtrierung von verflüssigten Gasgemischen bzw. von komprimierter Luft. Es handelt sich dabei um die Entfernung von fester Kohlensäure, ein Verfahren, wie es im besonderen in den USA entwickelt worden ist (Filterdruck etwa 7 atü).

Der Vorteil metallischer Filter bei der Filtrierung von hochkomprimierten Gasen besteht darin, daß extrem große Gasmengen durch sehr kleine Filter filtriert werden können. Dies ist besonders dann wichtig, wenn übermäßig hohe Temperaturen die Anwendung von Hydraulik-Flüssigkeiten zur Druckübertragung verhindern. In diesen Fällen kann mit Erfolg komprimierte Luft verwendet werden.

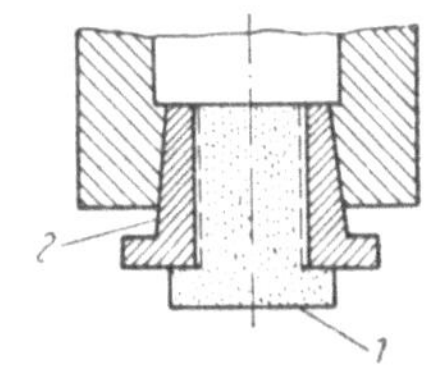

Abb. 44. Explosionssichere Vorrichtung für explosionssichere Motoren

Ein anderer Zweig der Anwendung ist die Filtrierung von komprimierten Gasen bei Raketenantrieben. Schließlich ist noch der Einsatz metallischer Filter bei der Filtrierung von Atmungssauerstoff zu erwähnen oder in solchen Fällen, wo aus staubreicher Luft gesundheitsschädlicher Staub, wie z. B. Silikose, entfernt werden soll.

12.12 *Filtrieren von Flüssigkeiten*

12.121 Größe der Metallfilter. Ein besonders großes technisches Anwendungsgebiet haben metallische Filter bei der Beseitigung von Verunreinigungen, Fremdstoffen und Beimengungen aus Flüssigkeiten der verschiedensten Art gefunden. Es werden dabei Filter von kleinsten bis zu größten Abmessungen benutzt. Es kommen Filter von 1,5 mm ∅ bis zu Platten von 450 × 1200 mm und mehr vor. Neben kleinen Schälchen in Fingerhutgröße werden im Ausland auch Hohlzylinder von 300 mm ∅ und mehr erzeugt. Kleinere Metallfilter werden z. B. bei der noch zu besprechenden Reinigung von Naphtha für Dieselfahrzeuge benutzt, während man zum Filtrieren von Lösungen und chemischen Flüssigkeiten, wo häufig größere Mengen an Rückständen auftreten können, wesentlich größere Filterkörper anwenden muß. Man kann bei der Herstellung der Filterkörper damit rechnen, daß sich Toleranzen von 1,5% des Durchmessers einhalten lassen, eine sorgfältige Arbeitsweise vorausgesetzt. Engere Toleranzen lassen sich unter Umständen durch nachträgliche Kalibrierung des Filterkörpers erreichen, wobei aber die Möglichkeit der Beeinträchtigung der Durchlässigkeit der Filter durch Verschmieren der von der Filterfläche zugänglichen Poren besteht.

12.122 Filtrierung von Säuren und Laugen. Praktisch können alle Flüssigkeiten mit metallischen Sinterkörpern filtriert werden, da für sie fast stets ein geeigneter Filterwerkstoff gefunden werden kann. So werden z. B. für Natronlauge Nickelfilter, für Säuren wie HNO_3, H_2SO_4, HPO_3 usw. nichtrostende Stähle als Filterwerkstoff benutzt. Auch die Verwendung von Filtern aus Carbiden hochschmelzender Metalle, wie z. B. WC, kommt für die Reinigung von Säuren, z. B. HCl, in Betracht. Hierüber wurde im Kapitel 8.60 bei der Beschreibung dieser Filterwerkstoffe bereits Näheres gesagt. Der Vorteil der Filter äußert sich — wie immer wieder betont werden muß — beim Filtrieren von Flüssigkeiten vor allem darin, daß mit ihrer Hilfe auch sehr kleine Verunreinigungen aus dem Filtermedium entfernt werden können.

Zum Filtrieren von Salpetersäureanhydrid, welches bekanntlich stark korrodierend wirkt, ist von D. B. PALE[80] (Aironautical Engineering Reviews 1954, S. 36—41) ein poröses Filter aus Titan vorgeschlagen worden. Dieses Metall ist im Vergleich zu allen anderen metallischen Werkstoffen gegenüber N_2O_5 durch eine besonders hohe Korrosionsbeständigkeit ausgezeichnet. Es erscheint besonders bemerkenswert, daß dieses seit einigen Jahren in großem technischem Maßstab herstellbare und technisch angewendete Metall nunmehr auch in der Filtertechnik eine interessante Anwendung gefunden hat. Da Titan bekanntlich eine sehr niedrige Dichte hat (4,5 g/cm³), ist zu erwarten, daß dasselbe in der Luftfahrttechnik für viele andere Zwecke von Bedeutung werden kann. Die Verarbeitung von Titan geschieht meist auf pulvermetallurgischem Wege, so daß also schon dadurch die Voraussetzungen für die Herstellung poröser Körper gegeben sind.

12.123 Katalytische Wirkungen bei der Filtration. Bei der Anwendung von Metallfiltern können außer der mechanischen Zurückhaltung von Verunreinigungen durch die Poren des Filters auch noch andere Erscheinungen auftreten. Es ist z. B. die bakterientötende Wirkung von Silberfiltern aus der pharmazeutischen Industrie bekannt. Es handelt sich hier offensichtlich um katalytische Wirkungen. Wir sind der Meinung, daß Filter von besonders großer Feinporigkeit als Katalysatoren in größerem Umfang technisch ausgenutzt werden könnten. Handelt es sich doch bei Porengrößen von 1 μ um unendlich viele Poren, etwa $5 \cdot 10^9$ Poren auf ein cm² Filterfläche bei einer Porosität von 40% des Filterkörpers (vgl. auch Tabelle 53), die in dem Filter vorhanden sind. Die Rechnung ergibt, daß — unter der Voraussetzung, daß alle Poren durchgehend sind und gleichmäßigen zylindrischen Querschnitt haben — Poren von 1 μ mittleren Durchmessers eine „innere“ Porenoberfläche von etwa 800 cm² haben, wenn die Filterfläche 10 cm² und die Filterdicke 5 mm beträgt. Es sind nun in der Praxis nicht alle Poren durchgehend und keineswegs gleichmäßig zylindrisch. Beides kompensiert sich aber zumindest teilweise in bezug auf die Größe der „inneren“ Oberfläche der Poren. Die Oberfläche, an der sich die katalytische Reaktion in den Poren abspielen kann, ist also bei feinporigen Metallfiltern sehr bedeutend.

12.124 Reinigung von Treib- und Schmierstoffen. Eine besonders bedeutsame und technisch wichtige Anwendung haben metallische Filter beim Filtrieren der verschiedensten Schmier- und Treibstoffe sowie von Ölen gefunden, die sich hinsichtlich ihrer Viskosität beträchtlich voneinander unterscheiden können. Dieser Frage ist daher auch ein wesentlicher Teil der Untersuchungen des VÚPM-Vestec u Prahy gewidmet worden. Die Bedeutung der Metallfilter liegt dabei darin, daß feinste Verunreinigungen von der Größe weniger μ, gegebenenfalls auch darunter, aus der Filterflüssigkeit beseitigt werden. Dadurch arbeiten die Motoren, in welche der Treibstoff eingespritzt wird, absolut zuverlässig. Es kommt zu keiner Verschmutzung der Einspritzorgane durch die in jedem Kraftstoff vorhandenen Verunreinigungen. Es ist also während des Betriebes eine stets gleichmäßige Dosierung des Treibstoffes bei jedem Verbrennungsvorgang im Motor gegeben. Weiterhin wird durch die Entfernung der Verunreinigungen aus dem Treibstoff eine Abnutzung der Düsenorgane unterbunden, und damit nicht nur die Lebensdauer der Düsen verlängert, sondern auch ein einwandfreier Gang des Motors über sehr lange Betriebsdauer gewährleistet.

Je nach dem vom Filter verlangten Filtergrad (wirksamer Porenquerschnitt) und der dadurch beeinflußten Durchlässigkeit ergeben sich Filter kleinerer und größerer Abmessungen in der Praxis, die aber selbst bei den hohen Anforderungen, die in solchen Fällen an das Filter gestellt werden, relativ einfacher Form sind (Platten, Rohre, Kegelstümpfe usw.).

Der Einbau der Filter erfolgt in der Regel in die Saugleitung des Motors. Ein Einbau in die Druckleitung ist jedoch auch durchaus möglich, wie gemeinsame Untersuchungen des VÚPM-Vestec und des ÚVMV-Praha, Libeň ergeben haben. Die Filterkörper können nämlich so fest hergestellt werden, daß sie kurzzeitige, d. h. stoßweise und in Bruchteilen von Sekunden auftretende Drücke, die bis zu 300 atü und darüber hinausgehen können und die vorübergehend in der Druckleitung bei der Einspritzung entstehen, aushalten können.

Im folgenden werden an Hand von schematischen Zeichnungen einige Lösungen besprochen, die den Einbau des Filters und seine Anordnung vor allem in Dieselfahrzeugen betreffen. Das Metallfilter dient dabei entweder nur der Endreinigung des Treibstoffes (Naphtha) oder als Vor- und als Endfilter. Wird das Metallfilter nur zur Endreinigung benutzt, dann ist es notwendig, Vorfilter anderer Art, z. B. aus Hartpapier, Cellulose und dgl. zu verwenden. Arbeitet man mit einer Kombination von Vor- und Endfiltern, dann müssen durch das Vorfilter zunächst die gröberen Verunreinigungen, z. B. von über 8 bis 12 μ aus der Filterflüssigkeit entfernt werden, während das Endfilter die Funktion übernimmt, feinere Verunreinigungen, beispielsweise von über 2 bis 3 μ, aus dem vorgereinigten Kraftstoff zu entfernen. Das Vorfilter ist daher ein grobporiges, welches dementsprechend auch im allgemeinen eine größere Durchlässigkeit besitzt; das Endfilter ein sehr feinporiger Sinterkörper mit entsprechend geringerer Durchlässigkeit. Metallfilter lassen sich, wie die in diesem Buch angeführten Untersuchungen zeigen, technisch in einfacher Weise mit verschiedenen Durchlässigkeiten und Filtergraden (Porenquerschnitten) herstellen, so daß sie die hier beschriebenen Funktionen in einer einwandfreien und wirtschaftlichen Weise übernehmen können.

So kann man beispielsweise zur Endreinigung von Naphtha Metallfilter aus DPG-Fe-Pulver verwenden, die durch folgende Herstellungsbedingungen gekennzeichnet sind: Korngröße des Ausgangspulvers 0,06 bis 0,15 mm, Menge des Tränkungsmittels ($FeCl_3 \cdot 6\,H_2O$) 5% (berechnet auf die Metallmenge), Preßdruck 2 t/cm^2, Endsintertemperatur 1300°C (evtl. Vorsinterung bei 800° bis 1000°C). Metallische Vorfilter aus DPG-Fe-Pulver, welche alle Verunreinigungen, die größer als 8 μ sind, entfernen, sind durch folgende Herstellungsbedingungen gekennzeichnet: Korngröße des Ausgangspulvers 0,20 bis 0,30 mm, Zusatzmenge an Tränkungsmittel 5 bis 7% $FeCl_3 \cdot 6\,H_2O$, Preßdruck und Sinterbedingungen wie bei den Endfiltern.

Die Filter aus DPG-Fe-Pulver werden weder von der Filtrierflüssigkeit noch von den Verunreinigungen angegriffen. Der Kraftstoff bietet im Gegenteil einen wirksamen Schutz gegen Oxydation, Verrostung usw. Eine innere Korrosion, bedingt durch die Art der Herstellung, vor allem durch das angewandte Tränkungsmittel, tritt nicht ein.

Filter zur Endreinigung von Naphtha haben nach den Erfahrungen, die das ÚVMV-Praha im praktischen Betrieb bei Dieselfahrzeugen gewonnen hat, eine Lebensdauer bis zur ersten Verblindung von 5000 bis 6000 Fahrkilometern (unter

Anwendung eines Vorfilters aus präparierter Cellulose von 70/55 mm ∅ und etwa 100 bis 120 mm Höhe) und mehr, wobei sich diese Werte auf den Einbau in normalen Autobus- und Lastwagen-Dieselfahrzeugen der inländischen Type 108 beziehen. Der Kraftstoffverbrauch entspricht bei der genannten Fahrleistung mit üblicher Fahrgeschwindigkeit bei normalen Geländeverhältnissen

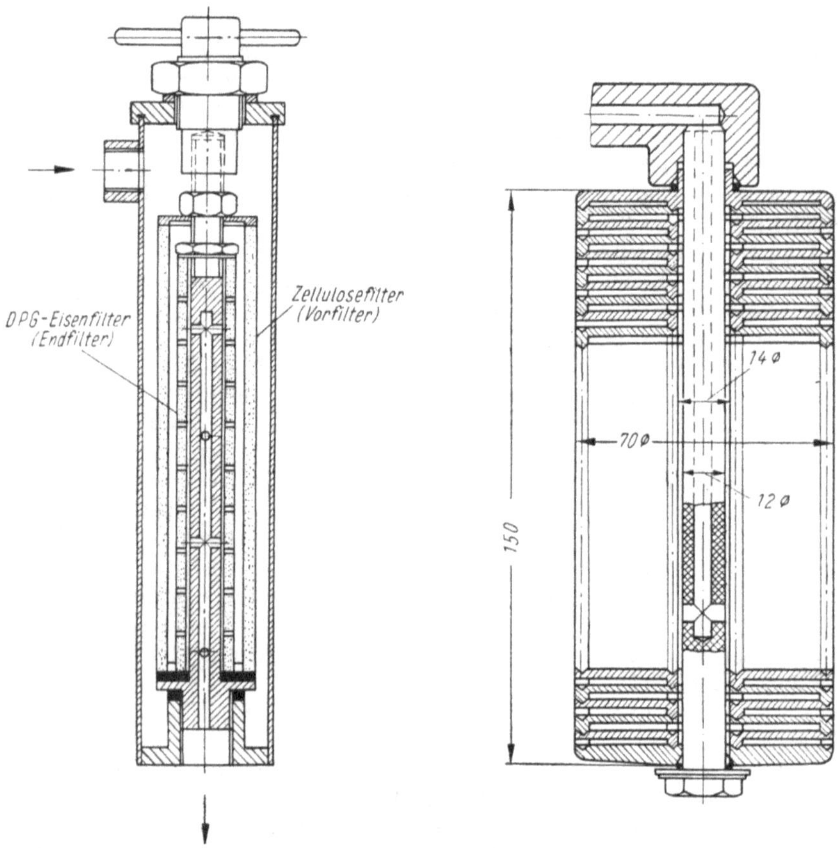

a) ältere Ausführung b) neuere Konstruktion

Abb. 45a und b. Anordnung der Filterkörper im vom ÚVMV-Praha entwickelten Filteraggregat für die Vorreinigung und Endreinigung von Naphtha in Dieselfahrzeugen

und bei der genannten Kraftwagentype etwa 1200 bis 1500 Litern. Dabei ist die Größe des rohrförmigen Filterkörpers für die Endreinigung 28/22 mm ∅ × 100 bis 120 mm. Diese Filtersäule ist aus 10 bis 12 Stück niedrigen rohrförmigen Filterkörpern unter Zwischenschaltung entsprechender Dichtungen zusammengesetzt. Wie im Kapitel 10.00 auseinandergesetzt wurde, kann das Filter drei- bis viermal regeneriert werden, bevor es seine Leistungsfähigkeit um mehr als 20% einbüßt, so daß die Gesamtleistungsfähigkeit eines derartigen DPG-Endreinigungsfilters zumindest etwa 20000 Fahrkilometer beträgt.

Die Anordnung der im ÚVMV-Praha gemeinsam mit dem VÚPM-Vestec entwickelten Filteraggregat mit DPG-Fe-Endfiltern und besonders präparierten Cellulosefiltern als Vorfilter ist aus Abb. 45a und b ersichtlich[7] (vgl. auch B. MIMRA, Strojírenstvi, 1953). Der Kraftstoff durchläuft, vom Treibstoffbehälter kommend und durch die Zubringerpumpe gefördert, zunächst von außen das Cellulosevorfilter, wodurch Verunreinigungen, die größer als 8 bis 10 μ sind, zurückgehalten werden. Die so vorgereinigte Naphtha tritt dann wiederum von außen durch das rohrförmige Endfilter, durch welches die feineren Verunreinigungen über 2 bis 3 μ beseitigt werden. Dann gelangt die Naphtha durch die Bohrungen eines im Innern des Endfilters gelagerten Bolzens zur eigentlichen Einspritzpumpe, um von dort in der üblichen Weise den einzelnen Einspritzdüsen zugeführt zu werden.

Um jede Betriebsstörung durch rechtzeitige Auswechslung der Filterkörper bei ihrer Verblindung auszuschließen, kann man 2 Filteraggregate nebeneinander vorsehen, wie es z. B. in der von BALSHIN beschriebenen Anordnung (vgl. Abb. 46) geschehen ist. Das eine Filter wird in Betrieb gehalten, das andere dient als Reserve bei Verblindung des ersteren. Läßt die Leistungsfähigkeit des in Betrieb gehaltenen Filters nach, so kann durch einfache Umschaltung das Ersatzfilteraggregat in Aktion gebracht werden. Dabei werden durch Anwendung eines Gegendruckes etwa 3 Liter Naphtha durch das verstopfte Filter hindurchgedrückt, wodurch es praktisch bis auf wenige Prozent seine alte Leistungsfähigkeit wieder erreicht. Der Vorgang kann so lange wiederholt werden, bis die Filterkörper beider Aggregate infolge ungenügender Wirksamkeit ausgewechselt werden müssen. Die Form der Filterkörper ist bei BALSHIN topfförmig, im Gegensatz zu den bei uns entwickelten rohrförmigen Filtern.

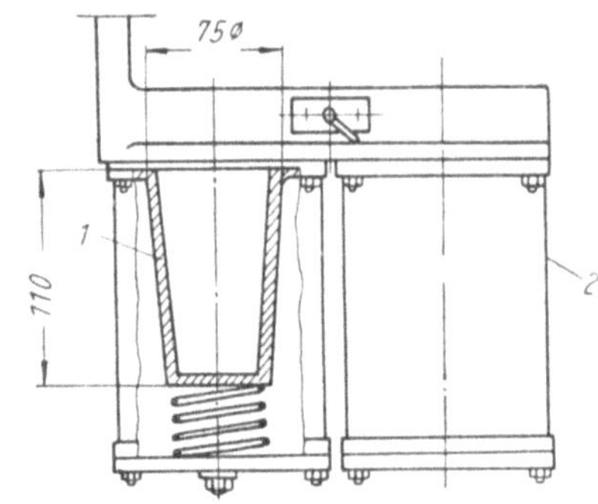

Abb. 46. Filtereinrichtung mit zwei parallel geschalteten Filteraggregaten zwecks Aufrechterhaltung eines ständigen Betriebes nach BALSHIN

Bei den hier beschriebenen Konstruktionen kann man damit rechnen, daß das Durchdrücken des zu filtrierenden Kraftstoffes durch das Vor- und Endfilter mit einem Überdruck von etwa 0,5 bis 1,5 at vorgenommen wird.

Bei der Reinigung von Naphtha in Dieselfahrzeugen, wie sie im vorstehenden eingehender beschrieben worden ist, gelangen in der Zeiteinheit verhältnismäßig geringe Flüssigkeitsmengen durch das Filteraggregat, welches daher ohne Schwierigkeiten in das Fahrzeug eingebaut werden kann und keinen großen Raum beansprucht.

Anders liegen aber die Verhältnisse, wenn die Kraftstoffflüssigkeit bei verhältnismäßig niedrigen Überdrücken zufließt oder wenn bei selbsttätigem Zufluß gefiltert werden soll, oder wenn es sich um die Filtration von sehr großen Flüssigkeitsmengen bei höheren Überdrucken handelt. Der erste Fall ist praktisch bei allen Benzinmotoren im Fahrzeug- und Flugzeugbau vorhanden. Der zweite tritt z. B. bei der Reinigung des Schmieröles in Fahrzeugen im Umlaufverfahren auf.

In diesen beiden Fällen, besonders aber, wenn Schmieröl im Umlaufverfahren gereinigt werden soll, muß die Durchlässigkeit des Filterkörpers sehr groß sein.

Dies ist jedoch nur auf Kosten des Filtergrades (wirksame Porengröße) zu erreichen. Es müssen also hier Filter zurAnwendung kommen, die größere Poren besitzen und die nach den klassischen pulvermetallurgischen Verfahren nur schwer hergestellt werden können. In solchen Fällen erzeugt man grobporige Metallfilter durch Schütten und Rütteln von kugelförmigen Metallkörnern möglichst gleicher Korngröße, wie es unter 6.20 beschrieben wurde, und deren nachträgliche Sinterung in Formen. Prinzipiell lassen sich stets Metallfilter nach den verschiedensten Verfahren erzeugen, die allen Ansprüchen hinsichtlich Durchlässigkeit und Filtergrad (Porengröße) genügen, also auch Filter für die vorgenannten Verwendungszwecke.

Bei der Filtrierung von Treibstoffen für Turbinenantriebe liegen besondere Verhältnisse vor. Bei diesen Antrieben wird die Treibstoffsteuerung relativ kompliziert. Die Temperatur der Arbeitsvorgänge ist gegenüber der sonst üblichen Filterung von Kraftstoffen stark erhöht. Die Filtration des Kraftstoffes wird in diesem Falle zu einem erstrangigen Problem.

D. B. Pale[86] (siehe oben) weist darauf hin, daß zum Zwecke der Filtrierung in diesen Fällen Filter aus nichtrostenden Stählen in Dicken von nur 0,50 bis 0,70 mm verwendet werden. Da die Turbinenantriebe in zunehmendem Umfang im Flugzeugbau verwendet werden, muß auf ein möglichst geringes Gewicht der Filteranlage Wert gelegt werden. Die Filter der Paleschen Bauart haben nur ein Gewicht von 2,9 bis 4,8 kg/m^2 Filterfläche. Nähere Angaben über Porosität, Durchlässigkeit und Porengröße der Filter werden von Pale nicht gemacht.

Bisher haben wir uns auf die Filtrierung von chemischen Lösungsmitteln anorganischer Art (Säuren, Laugen usw.) und auf die Reinigung von Kraftstoffen und Schmierölen beschränkt. Es können aber auch andere Flüssigkeiten wirksam filtriert werden, wie z. B. Wasser für hygienische Zwecke, organische Lösungsmittel verschiedener Art, besonders in der pharmazeutischen Industrie, Fruchtsäfte und dgl. in der Nahrungsmittelindustrie und vieles andere mehr.

Mittels metallischer Filter ist aber auch die Trennung von verschiedenen Flüssigkeiten voneinander in nicht emulgierten Mischungen möglich, so z. B. von Wasser und Benzin, wie B. C. Hardy[46] in Symposium on Powder Metallurgy A. S. T. M., Philadelphia 1943, S. 1 beschrieben hat. Der Effekt beruht dabei auf der verschiedenen Benetzbarkeit von Metalloberflächen durch die beiden Flüssigkeiten und auf einer Ausnutzung der Durchlässigkeit von Flüssigkeiten verschiedenen Viskositätsgrades durch das Filter.

12.20 *Poröse Sinterkörper für andere Zwecke*

Die Anwendung von metallischen porösen Sinterkörpern, bei denen bewußt die Porosität und Durchlässigkeit dieser Körper technisch ausgenutzt wird, ohne daß es sich um die Beseitigung von Verunreinigungen durch einen Filtrierprozeß handelt, ist äußerst groß, so daß wir uns im folgenden auf einige Anwendungsbeispiele beschränken, die uns von besonderer Bedeutung erscheinen oder die von allgemeinem Interesse sind.

12.21 *Poröse Materialien für Enteisungszwecke*

Ein besonders interessantes, im Kriege entwickeltes, aber auch heute noch allgemein angewendetes Beispiel für die Durchlässigkeit von Sinterkörpern gegenüber Flüssigkeiten ergibt sich bei der Enteisung der Tragflächen von

Flugzeugen. Früher und zum Teil auch jetzt noch pflegt man die gefährliche Eisbildung an Flugzeugteilen, die besonders im Winter bei großen Höhenlagen und in arktischen Zonen eintreten kann, durch indirekte Beheizung vom Gasturbinenantriebswerk zu beseitigen. In zunehmenden Maße ist man jedoch zu der Verwendung von porösen Sinterkörpern übergegangen, durch welche eine die Eisbildung verhindernde „Enteisungsflüssigkeit" den gefährdeten Teilen zugeleitet wird. Dabei sind drei verschiedene Entwicklungen zu unterscheiden. Die erstere wurde speziell von der englischen Flugzeugindustrie durchgeführt (Aircraft De-icing, Symposium on Powder Metallurgy, The Iron and Steel Institute, Spec. Rep. 38, London 1947, S. 110); die zweite von deutscher Seite während des Krieges (C. J. LEADBEATER, Symposium on Powder Metallurgy, Spec. Rep. 38, London 1947, S. 191). Die dritte Entwicklung ist erst in jüngster Zeit von amerikanischer Seite erfolgt (D. P. PALE, Aeronautical Engineering Review, 1954, S. 36 bis 41).

Bei der englischen Entwicklung verwendet man gesinterte Cu-Ni- oder Cu-Ni-Sn-Streifen. Die Pulvergemische oder vorlegierten Pulver werden in Monellrohre eingepackt. Das Sintern erfolgt in dissoziiertem Ammoniak, wobei eine Verbindung des porösen Metalles mit dem Monellmetall stattfindet. Das in England ausgearbeitete Verfahren stammt von JOHNS.

Bei der deutschen Entwicklung verwendete man poröses Kupfer eines Porositätsgrades von 65 bis 70% in Rohrform, wobei der Sinterkörper mit NH_4Cl imprägniert wurde.

Bei der dritten (amerikanischen) Entwicklung wird rostfreier Stahl mit einer Porosität von nur 15 bis 20% verwendet, welcher infolge seiner geringen Porosität eine Zugfestigkeit von 21 bis 35 kg/mm² besitzen soll. Die Bearbeitbarkeit dieses porösen Werkstoffes ist mit der von Aluminium-Blechlegierungen vergleichbar, wie sie sonst in der Luftfahrt üblich sind. Das Material wird durch Vernietung mit Aluminium- oder Titan-Rippen verstärkt und mit Silikon-Gummistreifen zur Abdichtung versehen. Die Dicke beträgt meist 0,75 bis 1,0 mm bei einem Gewicht von 4,8 bis 6,6 kg/m² Fläche. Die Porengröße wird mit kleiner als 0,025 mm Durchmesser angegeben.

Der Vorteil dieser Sinterkörper besteht darin, daß eine sehr konstante Fließgeschwindigkeit von plus-minus 10% eingehalten werden kann. Die der Vereisung besonders ausgesetzten Kanten der Tragflächen von Flugzeugen werden mit einer Leiste aus dem der Enteisung dienenden Sinterkörper versehen. Durch die Poren des als Filter wirkenden Sinterkörpers zirkuliert eine die Eisbildung verhindernde Flüssigkeit, welche als „Antifris" bezeichnet wird. Die Anlage steigert die Wirksamkeit des „Antifris" um das 5fache und mehr. Nach BALSHIN beträgt das Gewicht der gesamten Anlage einschließlich Pumpe und Vorrat an „Antifris" nur 0,6% des Gewichtes des Flugzeuges. Die Hälfte dieses Gewichtes entfällt auf den Vorrat an „Antifris".

12.22 *Quecksilberdurchlässige Näpfchen aus Nickel*

Eine sehr große Anwendung haben poröse gesinterte Nickelfilter einer vollständig gleichmäßigen Durchlässigkeit gegenüber Quecksilber gefunden, die im 2. Weltkrieg zu vielen Millionen Stück in Form kleiner Näpfchen zunächst für militärische Zwecke in den USA hergestellt wurden, und die in absolut sicher arbeitenden Quecksilberschaltern für Funkentelegraphie und Radar benutzt wurden. Abb. 47 zeigt eine Photographie dieser kleinen Näpfchen, wobei die Größe aus dem angelegten Maßstab zu ersehen ist. Eine genaue Beschreibung der Wirkungsweise dieser Nickelnäpfchen geben: T. C. DU MOND, Materials and

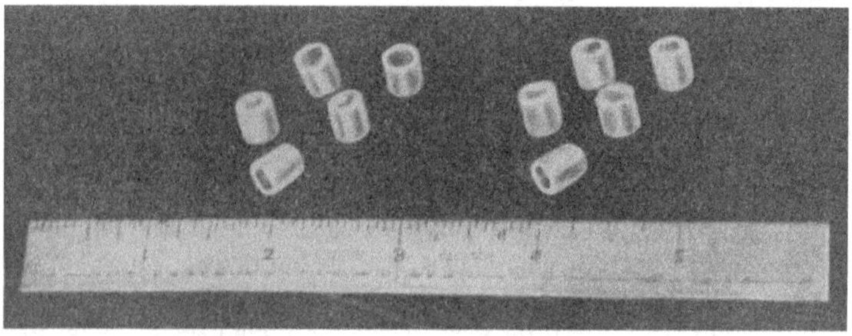

Abb. 47. Gesinterte poröse Nickelnäpfchen mit gebogenem (links) und glattem (rechts) Boden, wie sie in Quecksilberschaltern benutzt werden
(Erzeuger: American Electro Metal Corp.)

Methods 23, 1946, S. 113; Anonym, Steel 118—1946, S. 16, 84 und 132 sowie P. SCHWARTZKOPF in Powder Metallurgy, Verlag Macmillan, New York 1947, S. 167. Die Wirkungsweise des als Filter wirkenden porösen Nickelnäpfchens

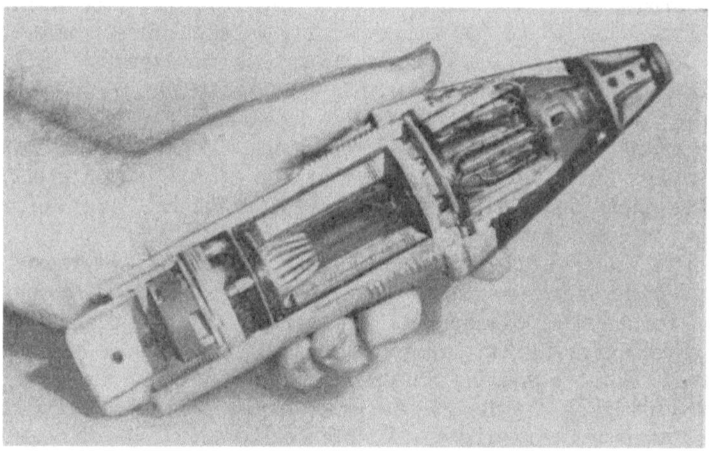

Abb. 48. Photographie eines Schnittes durch ein Gerät, in welchem der Quecksilberschalter mit dem gesinterten Nickelnäpfchen enthalten ist
(Applied Physics Laboratory, The Johns Hopkins University)[81]

besteht darin, daß das Quecksilber in kürzester Zeit (in einigen 1/100 Sekunden) durch das Filter nach Auslösung durch Stoßwirkung hindurchfließt und dadurch Kontakt oder Zündung hervorruft. Die Gesamtanordnung des Gerätes, wie es für Radarzwecke benutzt wird, ist aus Abb. 48 ersichtlich.

Der Quecksilberschalter, welcher das gesinterte Näpfchen enthält, ist im Unterteil der Abbildung zu sehen, etwa in der Höhe des 4. Fingers der Hand.

12.23 *Poröse Materialien für die Verteilung von Gasen bei Fluiditätsreaktionen*

Ein weiteres Anwendungsbeispiel für die technische Ausnutzung der Porosität metallischer Sinterkörper ergibt sich bei der Durchführung von Fluiditätsreaktionen, bei denen ein Gas in feinster Verteilung mit einem im Schwebezustand sich befindlichen Pulver in Berührung treten soll. Der Gasstrom tritt von unten durch ein feinporiges Filter, z. B. aus DPG-Fe-Pulver, hindurch. Auf dem Filter befindet sich das Pulver, mit welchem das Gas in eine chemische Reaktion treten soll. Dabei kann es sich beispielsweise um die Reduktion von Oxyden mit Wasserstoff handeln. Durch das das Filter gleichmäßig und feinverteilt passierende Gas wird das auf dem Filter liegende Pulver hochgewirbelt. Die Gasgeschwindigkeit wird so eingestellt, daß sich das Pulver im Schwebezustand befindet. Auf diese Weise kann das Gas äußerst innig mit der Oberfläche der Pulverteilchen in Berührung kommen, wodurch die Geschwindigkeit von Reaktionen, für die man den Begriff „Fluiditätsreaktion" geprägt hat, gesteigert wird. Technisch nutzt man das hier geschilderte Verfahren z. B. bei der Reduktion von Fe-Oxyden mit Wasserstoff oder anderen reduzierenden Gasen (z. B. Generatorgas) aus (vgl. C. AGTE und J. VACEK[82], Neuere Erkenntnisse auf dem Gebiet der Pulvermetallurgie, Verlag SNTL, Praha, erscheint demnächst).

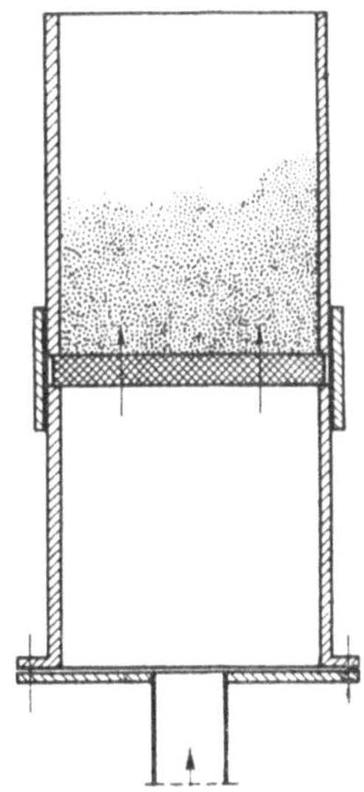

Abb. 49. Schema einer Einrichtung für Fluiditätsreaktionen unter Verwendung von feinporigen Filterwerkstoffen zwecks guter Gasverteilung

Das Verfahren ist im einzelnen von H. SIEPMANN[84], Stahl und Eisen 72, 1952, beschrieben worden und ist schematisch in Abb. 49 dargestellt.

12.24 *Poröse Materialien für den Transport heißer staubförmiger Massen*

Eine weitere spezielle Anwendung können poröse metallische Sinterkörper beim Transport von heißen staubförmigen Massen finden, wie es neuerdings in der ČSR durch Ing. KOČANDERLE (vgl. Ing. KOČANDERLE[83]) vorgeschlagen wurde. Das Verfahrensprinzip ähnelt dem vorgenannten. Es tritt Luft oder ein Gas, unter Umständen vorgewärmt, durch den porösen Boden in eine Transportkammer ein, in welcher kalte oder heiße pulverförmige Massen fortbewegt werden sollen. Durch die feinverteilt eintretende Luft oder das Gas gelangt das zu transportierende Pulver in der schwach geneigten kanalförmigen Transportkammer ins Fließen. Solche Transportprobleme sind z. B. in der Zementindustrie und in der chemischen Industrie akut. Mit dem Transport kann gleichzeitig der Zweck verbunden werden, die Pulver beschleunigt abzukühlen oder in Reaktion mit dem Gas zu bringen. Im letzteren Fall handelt es sich um eine typische Fluiditätsreaktion.

Schematisch ist die Anordnung einer solchen Transporteinrichtung für staubförmige Massen durch Luft oder Gas in Abb. 50 wiedergegeben.

Da die für die Durchlässigkeit des Gases oder der Luft bei diesem Verfahren in Betracht kommenden Flächen ziemlich groß sind, kommt nur ein billiger Ausgangswerkstoff für die porösen Werkstücke (Platten) in Frage, also z. B. Fe-Pulver. In diesem Falle müssen aber wegen der großen Flächen die einzelnen Platten zusammengeschweißt und gegebenenfalls in Traggestellen angeordnet werden. Diese werden dann in das Gestell der Transporteinrichtung luftdicht

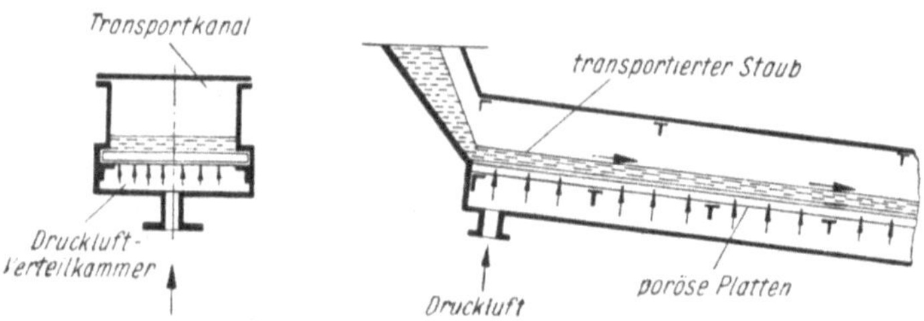

Abb. 50. Schematische Darstellung eines Verfahrens zur Beförderung von staubförmigen Massen in Transportkanälen unter Benutzung von porösen Sinterplatten als Luft- bzw. Gasverteiler (nach Ing. KOČANDERLE)

eingespannt. Poröse Platten aus Schamotte oder Glasmaterial haben sich wegen ihres gegenüber dem Trägermaterial verschiedenen Wärmeausdehnungskoeffizienten bei der Beförderung von heißen staubförmigen Massen nicht bewährt. A. S. BECKMANN und J. G. MALUKOWA[85], Zement, Leningrad, 20, 1954, S. 15, haben keramische Platten für pneumatische Förderrinnen und Silos in Zementwerken beschrieben, die aus 80 bis 90% Schamotte und 10 bis 20% Bentonitton bestanden und deren Porengröße 75 μ betrug.

12.25 *Poröse Sinterkörper für Schwitzkühlung*

Einen sehr interessanten Einsatz, der sich noch in den Anfängen befindet, aber große technische Anwendungsmöglichkeiten erwarten läßt, haben poröse metallische Sinterkörper bei der sogenannten „Schwitzkühlung" gefunden (vgl. P. DUWEZ und H. E. MARTENS, Trans. Amer. Inst. Mining Met. Engrs 175, 1948, S. 848). Das Verfahren ist dem Prinzip nach bereits früher in den USA durch die amerikanischen Patente Nr. 2,215.523 und 2,311.350 unter Schutz gestellt worden (vgl. E. A. RICHARDSON und G. A. RICHARDSON, J. Metals 1 Nr. 1, 1949, S. 13). Auch in Deutschland sind in den ersten Kriegsjahren poröse Sinterkörper für die „Schwitzkühlung" entwickelt worden[86] (vgl. F. MEYER — HARTWIG, U. S. Air Forces, Air Material Command, Air Documents Div., Dayton, Ohio, Doc. U. 2138 — September 1948).

Diese Verfahren beruhen darauf, daß durch poröse Sinterkörper, die sich auf einer höheren Temperatur befinden, eine Flüssigkeit hindurchgeleitet wird. Die Flüssigkeit verdampft an der heißen Oberfläche und bewirkt dadurch eine intensive Kühlung von Maschinenteilen, die einer hohen Temperatureinwirkung ausgesetzt sind, so z. B. Gasturbinen, Verbrennungsmotoren, Düsenantrieben usw. Nach D. B. PALE ist die durch Verdunstung erreichbare Kühlung 100mal wirksamer als eine Kühlung durch Vorbeistreichen des Kühlmittels an der zu kühlenden Wandung. Außerdem wird nur 10% des Kühlmittels bei diesem neuen Kühlverfahren verbraucht im Vergleich zur alten Arbeitsweise mit der Außenkühlung. Das poröse Material muß für diesen Zweck eine sehr hohe Durchlässigkeit haben; die Festigkeit desselben kann jedoch niedrig sein. Für die „Schwitz- oder Verdunstungskühlung“ werden poröse Sinterkörper aus nichtrostenden Stählen (PALE) oder aus Ni-Mo-Fe-Legierungen, z. B. der Zusammensetzung 65% Ni + 30% Mo + 5% Fe, verwendet. Zur Erzielung einer möglichst großen und durchgehenden Porosität wird Ammonbicarbonat als Füllstoff hinzugesetzt, wobei die Größe der gewünschten Porosität und die Durchlässigkeit des Sinterkörpers abhängig ist von der Menge des Füllstoffes, welcher bei der Sinterung restlos verdampft. Nach Angaben von P. DUWEZ und H. E. MARTENS haben die Sinterkörper besonders günstige Festigkeitseigenschaften, wenn — statt in Wasserstoff — im Helium gesintert wird. Schwierigkeiten ergeben sich vorerst noch dann, wenn man sich in dem Gebiet der turbulenten Strömung befindet, welche in der Praxis bisher nicht vollständig vermieden werden kann. Der Wärmetransport innerhalb eines durch Verdampfung gekühlten Metallkörpers ist im einzelnen genau von S. WEINBAUM und H. L. WHEELER, J. Applied Physics 20, 1949, S. 113, untersucht und analysiert worden.

12.26 *Diaphragmen aus porösen metallischen Sinterkörpern*

Ein weiteres Beispiel für die Ausnutzung der Porosität und der Durchlässigkeit von gesinterten porösen metallischen Körpern ergibt sich bei der Verwendung solcher Körper als anodische Platten in Akkumulatoren und Elementen. Als Werkstoffe hierfür werden u. a. Silber, Aluminium und Nickel genannt. Der Effekt besteht darin, daß der Elektrolyt, der z. B. bei Silberplatten alkalischer Art ist, in die Poren des Sinterkörpers eintreten kann, wodurch die benetzte Oberfläche viel größer ist als bei kompaktem Material. Dementsprechend läßt sich die Größe der Akkumulatoren oder Elemente bei gleicher Leistung gegenüber der normalen Ausführung stark verringern, so daß der Akkumulator nur ein Bruchteil des sonst üblichen Gewichtes hat. Es ist dies wichtig im Flugzeugbau, wo auf eine Erniedrigung des Gewichtes jedes einzelnen Gerätes Wert gelegt werden muß.

Poröse Platten für Kleinakkumulatoren aus Silber, wie sie durch direktes Verwalzen der Pulver und anschließende Sinterung der so erhaltenen Bänder erzielt werden können (vgl. unter 6.30), haben z. B. eine Dicke von etwa 0,40 bis 0,50 mm und eine Porosität von 55 bis max. 67%. Es werden mehrere (etwa 3 Platten) aufeinandergelegt. Durch Einpacken in Cellophan wird die Anode mit dem alkalischen Elektrolyten gegenüber der Kathode abgeschirmt.

12.27 *Sonstige Anwendungen*

(Tränken oder Imprägnieren poröser Sinterkörper mit Füllstoffen)

In gewisser Beziehung kann man zu den porösen metallischen Werkstoffen auch solche Materialien rechnen, bei denen die Poren eines Sinterkörpers in mehr oder weniger vollkommener Weise mit einer Flüssigkeit oder einem festen Zusatzstoff ausgefüllt sind.

Solche Werkstoffe sind z. B.

1. Poröse metallische Lager, bei denen zur Verbesserung der Schmier- und Gleiteigenschaften und aus Gründen der Selbstschmierung des Lagers Öl (bisherige Entwicklung) Schwefel (vgl. z. B. G. Maassen, C. Agte und J. Vacek, Neuere Erkenntnisse auf dem Gebiet der Pulvermetallurgie, Verlag SNTL Praha, erscheint demnächst), Antimon und ähnliche duktile Metalle, die mit dem Grundmetall sich nicht oder nur in sehr geringen Grenzen legieren, dem Sinterkörper meist auf dem Wege der Tränkung einverleibt werden (derzeitige Entwicklung).

2. Sinterkörper von der Art des „Sinterits“, bei denen poröse Eisenkörper mit Asphalt gemäß einer von Hans Vogt durchgeführten Entwicklung mit Bitumen und dgl. getränkt werden. Biegsame Streifen aus „Sinterit“ dienen zum Verstemmen und zum Abdichten von Rohrmuffen, wie es die Abb. 51 und 52 zeigen.

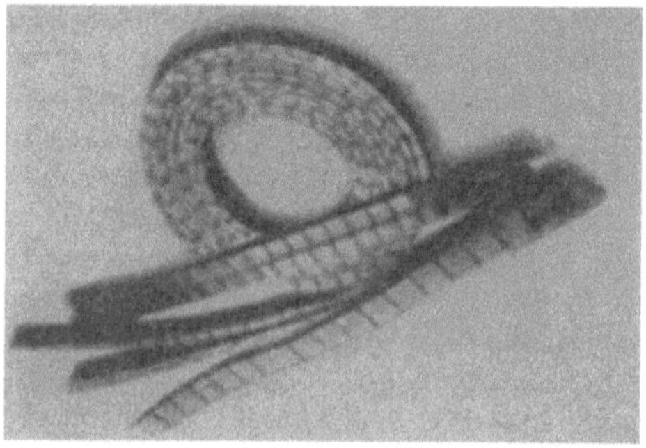

Abb. 51

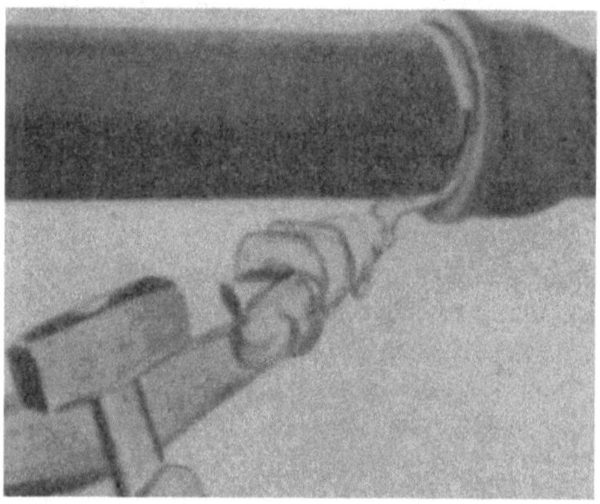

Abb. 52

Abb. 51/52. Werkstoffe aus „Sinterit“ Poröse Eisenkörper mit Bitumen getränkt (nach Hans Vogt).

In derselben Weise sind Vorschläge zu werten, bei denen poröse Sinterwerkstoffe aus billigstem Ausgangsmaterial (meist Fe-Pulver) mit Asphalt und dgl. getränkt oder mit ihnen zusammengepreßt werden, um aus ihnen Werkstoffe von zementähnlichem Charakter zu erhalten.

3. Friktionswerkstoffe, denen Zusätze von Graphit, weichen, niedrig schmelzenden Metallen, Quarz und dgl. als Füllstoffe hinzugegeben werden. Diese Füllstoffe dienen der Erhöhung der Schmiereigenschaften, der Verbesserung der Verschleißfestigkeit und der Beeinflussung des Reibungskoeffizienten des Friktionswerkstoffes.

Diese und andere Anwendungsbeispiele poröser Sinterkörper, deren Poren mit Zusatzstoffen mehr oder weniger vollkommen ausgefüllt sind, gehen indessen weit über den Rahmen der in diesem Buch beabsichtigten Darstellung hinaus, so daß diese kurzen Hinweise genügen müssen.

Die hier gebrachten Anwendungsfälle, bei denen die Porosität und die Durchlässigkeit poröser Sinterkörper ausgenutzt werden, stellen nur einen Teil der sich ergebenden Möglichkeiten dar. Die ausländische Patentliteratur enthält viele weitere Beispiele, auf die indessen hier nicht näher eingegangen werden soll.

13.00 Schlußbetrachtungen

Die in diesem Buch dargestellte Entwicklung metallischer Filterwerkstoffe, die nach pulvermetallurgischen Prinzipien hergestellt werden, stellt unseres Wissens den ersten Versuch dar, über dieses wichtige pulvermetallurgische Sondergebiet umfassend zu referieren. Die Darstellung entspricht dabei wesentlich den Erkenntnissen, die im Inland und Ausland in den letzten 10 bis 15 Jahren gewonnen worden sind, wobei verständlicherweise der Schwerpunkt auf den eigenen, in der ČSR durchgeführten Untersuchungen der Verfasser lag.

Die vorliegende Darstellung berücksichtigt den Zeitraum bis Mitte 1954. Dabei erschien es zunächst notwendig, die für die Eignung eines Filterwerkstoffes wesentlichen Grundeigenschaften, wie Porosität, Durchlässigkeit, Filtergrad (wirksame Porengröße) usw. zu definieren und die Meßmethode für die Bestimmung der genannten Eigenschaften zu beschreiben. Dies setzte voraus, daß klare Vorstellungen über den Verlauf der Poren in einem porösen metallischen Sinterkörper entwickelt werden mußten, wobei unterschieden wurde zwischen durchgehenden, offenen und nichtdurchgehenden, geschlossenen Poren. Für die Wirksamkeit eines metallischen Filterwerkstoffes ist neben der Durchlässigkeit (ihr gegenüber spielt die Porosität nur eine untergeordnete Rolle) vor allem die wirksame Porengröße maßgebend. Zur Charakterisierung der Qualität eines metallischen Filters wurde diese Wirksamkeit als Verhältnis der Durchlässigkeit (Permeabilität) zum wirksamen Porenquerschnitt für technische Zwecke definiert.

Die für das Filter wesentlichen Eigenschaften lassen sich in entscheidender Weise durch das pulvermetallurgische Herstellungsverfahren beeinflussen. Wir haben drei Verfahren unterschieden, nämlich das klassische pulvermetallurgische Verfahren des Pressens und Sinterns von Metallpulvern, die Sinterung loser, in Formen geschütteter und gerüttelter Metallpulver und schließlich das direkte Verwalzen von Metallpulvern zu porösen Bändern. Je nach der Art des gewählten Verfahrens läßt sich eine weitgehende Differenzierung der Porosität, der Durchlässigkeit und der Porengröße erzwingen.

Die bei dem klassischen pulvermetallurgischen Verfahren verwendeten Herstellungsbedingungen, wie Korngröße des Ausgangspulvers, Korngestalt desselben, Preßdruck, Sintertemperatur und Sinterdauer, beeinflussen die Porosität, die Durchlässigkeit und den Filtergrad in einer ziemlich genau zu übersehenden Weise. Werden Sinterkörper hoher Porosität verlangt, so muß die Herstellung ohne Anwendung eines Preßdruckes, mit größeren Korngrößen des Ausgangspulvers und bei kugelförmiger Korngestalt desselben vorgenommen werden. Zur Erzielung dünnerer Filter eignet sich vorteilhaft das Verwalzen der Metallpulver.

Eine wichtige Voraussetzung für die Erzielung durchgehender Poren ist die Verwendung von Metallpulvern mit möglichst idealer kugelförmiger Korngestalt. Die in Betracht kommenden Verfahren zu ihrer Herstellung wurden daher beschrieben und die Anwendungsmöglichkeiten für die einzelnen Pulversorten besprochen. Da bei der Sinterung ein Schwinden der Körper unvermeidbar ist, war es weiterhin notwendig, Verfahren zu entwickeln, die dem Offenhalten der Poren bei der Sinterung dienen. Diese Verfahren beruhen auf dem Zusatz vollständig verdampfbarer Füllstoffe oder von Metallsalzen, die sich bei der Sinterung zersetzen und teilweise verdampfen.

Selbstverständlich war es erforderlich, auch die Gründe für die Anwendung von Metallfiltern in der Praxis im Vergleich zu keramischen oder organischen Gewebefiltern zu erörtern. Dies führte zu einer Analyse der Vor- und Nachteile, die metallische Filter gegenüber anderen Filterwerkstoffen besitzen, wobei im wesentlichen das für Metallfilter praktisch in Betracht kommende Porengrößengebiet zwischen 1 μ und 100 μ Durchmesser zu diskutieren war.

Für die Herstellung von Metallfiltern kommen die verschiedensten Metalle und unter Umständen auch Metallverbindungen (z. B. Schwermetallcarbide) sowie Legierungen in Betracht. Dies zwang zu einer Erörterung der bei den verschiedenen metallischen Filterwerkstoffen benutzten speziellen Herstellungsverfahren, von denen das Verfahren der Erzeugung agglomerierter, gröber erscheinender Pulver aus feineren Metallpulvern am interessantesten sein dürfte. Im einzelnen wurden folgende metallische Filterwerkstoffe sowie die bei ihrer Herstellung zu beachtenden Gesichtspunkte besprochen: Bronze, Nickel, Eisen, nichtlegierter Stahl, nichtrostende Stähle, Schwermetallcarbide.

In vielen Fällen ist die Frage der Regeneration von Metallfiltern von wichtiger wirtschaftlicher Bedeutung. Die zur Reinigung von Filtern benutzten Verfahren und die mit ihnen erzielbaren Erfolge wurden daher näher beschrieben, wobei der Schwerpunkt unserer Darstellung auf die „mechanische" Entfernung von Verunreinigungen aus dem Filter durch Druckeinwirkung unter gleichzeitiger Benutzung eines Lösungsmittels gelegt wurde. Die dabei auftretenden Erscheinungen führten zu einer Erörterung der Art der in Filterflüssigkeiten oder -gasen vorhandenen Verunreinigungen und ihrer Größe.

Außer den speziell für die Filterwirkung wichtigen Eigenschaften sind aber auch noch andere von erheblicher Bedeutung für die Verwendbarkeit poröser Sinterkörper. Es sind dies vor allem die mechanischen Festigkeitswerte sowie die Widerstandsfähigkeit der Filterwerkstoffe gegenüber Oxydation und Korrosion. Es lassen sich Filterwerkstoffe einer hohen oder ausreichenden Festigkeit erzielen, die gleichzeitig gegen jede korrodierende Flüssigkeit vollständig widerstandsfähig sind. So läßt sich z. B. eine Erhöhung der Festigkeit gesinterter grobporiger Metallfilter, allerdings unter Beeinflussung der wirksamen Porengröße, durch das „Coating"-Verfahren erreichen.

Schließlich wurde die schon heute sehr weit verzweigte Anwendung metallischer Filter erörtert. Dabei haben wir nicht nur die Entfernung von Verunreinigungen, Fremdstoffen und Beimengungen aus dem Filtermedium (Flüssigkeit oder Gas) durch das Metallfilter besprochen, sondern auch jene Fälle, in denen das Filter nicht der Filtrierung dient, vielmehr seine Porosität und Durchlässigkeit für andere Zwecke ausgenützt werden. Besonders eingehend wurde die Reinigung von Naphtha für Dieselfahrzeuge mittels metallischer

Filter aus DPG-Fe-Pulver behandelt. Die Herstellungsbedingungen für die Erzeugung von Filtern, die der Endreinigung von Naphtha dienen, und durch die Verunreinigungen von über 2 bis 3 μ entfernt werden müssen, wurden ebenso besprochen wie die Herstellung von Filtern, die der Vorfilterung von Kraftstoffen dienen, und durch die Verunreinigungen von über 8 bis 10 μ beseitigt werden sollen.

Einen hohen wirtschaftlichen Wert hat die Anwendung von porösen Sinterkörpern in Fällen erlangt, bei denen nicht ein Filtriervorgang das technische Ziel ist, sondern die Durchlässigkeit gegenüber einem, meist eine Flüssigkeit darstellendem Medium ausgenützt wird. Hierzu gehören die Enteisung durch „Antifris"-Material, die Durchlässigkeit von Nickelnäpfchen gegenüber Quecksilber für Schalt- und Zündvorgänge, die „Schwitzkühlung", die Unterstützung von Fluiditätsreaktionen und vieles andere mehr.

Auf Grund der bisherigen und der zukünftig zu erwartenden Entwicklung kann zweifellos damit gerechnet werden, daß Metallfilter im engeren und poröse Sinterkörper im weiteren Sinne eine immer stärker werdende Bedeutung im Rahmen der pulvermetallurgischen Herstellung gewinnen werden. Es ist zu erwarten, daß die zukünftige Erzeugung solcher Sinterkörper einen wesentlichen Bestandteil der pulvermetallurgischen Herstellung wert- und mengenmäßig bilden wird, ähnlich wie es bei den artverwandten porösen und selbstschmierenden Lagern bereits der Fall ist. Aus diesem Grunde rechtfertigt sich die eingangs erwähnte besondere Behandlung dieses Spezialgebietes in einer geschlossenen Darstellung.

Die Verfasser betrachten es als ihre selbstverständliche Pflicht, allen jenen Personen, Instituten und Nationalunternehmen zu danken, die die beschriebenen Untersuchungen mit Rat und Tat wirksam unterstützt haben. Unser besonderer Dank gebührt dem „Ústav pro výzkum motorových vozidel" Praha-Libeň, besonders den s. MLÁDEK und Ing. HRUŠKA dieses Institutes, die wesentlich zur technischen Lösung des Problems der Reinigung von Naphtha in Dieselfahrzeugen beigetragen haben, und denen wir auch für einen Teil der hier wiedergegebenen Untersuchungen zu danken haben. Ferner gebührt unser Dank dem n. p. Kovohutě Mokraď und den dort beschäftigten s. Ing. PROCHÁZKA und s. GODA, welche sich um die technische Einführung der Herstellungsverfahren verdient gemacht haben. Schließlich haben wir auch dankbar anzuerkennen die Mitarbeit des aus den s. Dr. G. VIKTORIN, G. DURYNEK, J. HRUŠKA, B. PRAŠÁK und s. M. ŠVARCOVÁ bestehenden Arbeitskollektivs unseres Instituts, des Výzkumný ústav pro práškovou metalurgii, Vestec bei Prag.

LITERATUR

1. C. AGTE u. K. OCETEK, Sbirka vynalezu 3, 1954, 144 (Vyroba kovovych filtru).
2. J. YU. BALSHIN, Pulvermetallurgie, VEB W. Knapp, Halle a. Saale, 1954 (deutsche Übersetzung).
3. R. KIEFFER u. W. HOTOP, Pulvermetallurgie und Sinterwerkstoffe, Verlag Springer, Berlin-Wien, 1. Auflage 1943, 2. Auflage 1949.
4. P. SCHWARZKOPF, Powder Metallurgy, Verlag MacMillan, New York, 1950.
5. C. G. GOETZEL, Treatise on Powder Metallurgy, Bd. I bis III, New York, 1952.
6. E. O. SCHULZ, Silikattechnik, 5, 1954, 343.
7. B. MIMRA, Strojirenstvi, 10, 1953, 722.
8. C. AGTE u. M. PETRDLIK, Vlasnosti kovovych prasku a jejich mereni, Verlag SNTL, Praha, 1950.
9. G. F. HÜTTIG, Gewichts- und Elektroanalyse, Teil I, Praha, 1940, str. 150.
10. br. pat. c. 28. 909.
11. L. SCHLECHT u. G. TRAGESSER, Chem. Fabrik, 12, 1939, 243.
12. anonym, Steel, 1, 1946, 96.
13. anonym, Machinery N. Y., 48, 1942, 155.
14. M. W. PERRY, Aircraft Engineering, 15, 1943, 305.
15. J. M. LENNOX, Ind. Chem. 20, 1944, 600.
16. J. W. LENNOX, Ind. Chem. 20, 1944, 615.
17. E. W. REINSCH, Products Engineering, 15, 1944, 769.
18. W. KAEMPFERT, New York Times vom 24. 11. 1945.
19. j. Commerce, New York Times vom 28. 11. 1945.
20. anonym, Steel, 1, 1946, 84 u. 132.
21. Aircraft De-Icing, Symposium on Powder Metallurgy, The Iron and Steel Institute, Spec. Rep. 38, London, 1947, str. 110.
22. C. J. LEADBEATER, Symposium on Powder Metallurgy, The Iron and Steel Institute, Spec. Rep. 38, London, 1947, str. 191.
23. D. B. PALL, Instruments Maker, 15, 1947, 26.
24. D. B. PALL, Powder Metall Bull., 2, 1947, 141.
25. H. SEYMOUR, Mining Mag., 77, 1947, 206.
26. C. E. SINCLAIR, Symposium on Powder Metallurgy, The Iron and Steel Institute, Spec. Rep. 38., London, 1947, str. 105.
27. C. E. SINCLAIR, Powder Metall Bull., 11, 1947, 172.
28. T. C. DU MOND, Materials and Methoda, 23, 1946, 123.
29. Prospektmaterial der Oilite Ltd. Co, 1950—1951.
30. Prospektmaterial der Oilite Amplex Division, 1950—1951.
31. Prospektmaterial der Sintered Products Corp., 1950—1951.
32. P. GROOTENHUIS, Engineering, 176, 1949, 291.
33. J. W. LENNOX, u. G. BREWER, Ind. Chemist, 25, 1949, 288.
34. J. CLARK u. R. H. ESSLING, Rev. Sci. Instruments, 13, 1942, 383.
35. P. J. RIDGEN, Nature, 157, 1946, 268.
36. anonym, Machinist, 52, 1952, 1095.

37. anonym, Mach. Lloyd, 25, 1953, 57.
38. P. Trippe, Machinist, 97, 1953, 1767.
39. P. Trippe, Machinist, 97, 1953, 2134.
40. J. D. Dale, Proc. Third Annual Spring Meeting of Powder Metall Association, New York, 27, 1947, 4.
41. anonym, Materials and Methods, 25, 1947, 94.
42. C. Agte u. G. Viktorin, csl. pat. prihl. c. P 688 — 1951.
43. C. Agte u. M. Petrdlik, csl. pat. prihl. c. P 5382 — 1950.
44. D. H. van Vleck, Products Engineering, 5, 1949, 112.
45. C. Hardy, Symposium on Powder Metallurgy, The Iron and Steel Institute, Spec. Rep. 38, London, 1947.
46. C. Hardy, Symposium on Powder Metallurgy, A S T M, Philadelphia, 1943, str. 1.
47. DRP 708. 895.
48. A. Fleischer, j. Elektrochem. Soc., 94, 1948, 289.
49. anonym, Wire Industrie, 13, 1946, 561.
50. P. Duwez u. H. E. Martens, Trans. Amer. Inst. Mining Met. Engrs., 175, 1948, 848.
51. F. Meyer-Hartwig, Air Documents USA, 2138 — Septbr. 1948.
52. E. A. Richardson u. G. A. Richardson, J. Metals 1, 1949, 13.
53. S. Weinbaum u. H. L. Wheeler, J. Applied Physics, 20, 1949, 113.
54. J. Vacek, unveröffentlichte Untersuchungen aus dem Jahre 1954.
55. Darcy, Les fontaines de Dijon, 1865.
56. K. Ocetek, Vortrag auf der pulvermetallurgischen Konferenz der CSAV, April 1954.
57. K. Ocetek, Pokroky praskove metalurgie, Nakladatelstvi CSAV, Praha, 1954, str. 370.
58. C. Agte, Hutnicky listy, 5, 1954.
59. C. Agte, Pokroky praskove metalurgie, Nakladatelstvi CSAV, Praha, 1954, str. 42.
60. K. Ocetek und G. Durynek, zum csl. Patent angemeldet.
61. Mond u. Quincke, Chem. News, 63, 1891, 301.
62. Mond u. Quincke, Chem. News, 64, 1891, 20.
63. Mond und Langer, J. chem. Soc., 59, 1891, 1090.
64. R. Pfeil, Symposium on Powder Metallurgy, The Iron and Steel Institute, Spec. Rep. 38, London, 1947, str. 47.
65. H. Masukowitz, Elektrowärme, 8, 1938, 3.
66. R. Medau u. E. Stach, Berichte des Reichskohlenrates, 1933, C 56.
67. L. C. Graton u. H. J. Frazer, J. Geol. Chicago, 43, 1935, 910.
68. C. J. Leadbeater, zitiert bei C. Agte u. M. Petrdlik, Vlastnosti kovovych prasku a jejich mereni, Naklad. techn. literatury, Praha, 1950.
69. G. Naeser u. F. Zirm, Stahl und Eisen, 70, 1950, 395.
70. Untersuchungen der B.S.A. Group Researche Centre, Greystone Hill, Sheffield-England.
71. G. Wassermann, Zs. f. Metallforschung, 2, 1947, 129.
72. Marvin und Koehring, USA-Patent Nr. 2.409.295.
73. Boroh u. Olchov, Pulvermetallurgie (russisch), 1953.
74. Steel, 16, 1946, 118.
75. K. Ocetek u. A. Vambersky, zum csl. Patent angemeldet.
76. C. Agte, J. Hruska u. K. Ocetek, csl. pat. prihl. c. P 433—52.
77. P. Forchheimer, Zs. d. V.D.I., 1901, 1736.
78. P. Forchheimer, Enzyklopädie der mathem. Wissenschaften, Abschnitt Hydraulik, str. 449.
79. Hütte, Band I, 23. Auflage, 1920, str. 315.
80. D. B. Pale, Aironautical Engineering Reviews 1954, str. 36—41.
81. Applied Physics Laboratory, The John Hopkins University.
82. C. Agte u. J. Vacek, Neuere Erkenntnisse auf dem Gebiet der Pulvermetallurgie, Verlag SNTL, Praha, 1955.

83. KOCANDERLE, Persönliche Mitteilung.
84. H. SIEPMANN, Stahl und Eisen, 72, 1952, str. 360.
85. A. S. BECKMANN u. J. G. MALUKOWA, Zement, Leningrad, 20, 1954, 15.
86. F. MEYER-HARTWIG, U.S. Air Forces, Air Material Command, Air Documents Division, Dayton, Ohio, Doc. U 2138 — September 1948.
87. v. DOENHOFF.
88. L. PRANDTL.
89. L. K. LOFTIN.
90. G. SCHMARSOW.

MIX
Papier | Fördert gute Waldnutzung
FSC® C083411

Zeitfracht Medien GmbH
Ferdinand-Jühlke-Straße 7
99095 Erfurt, Deutschland
produktsicherheit@kolibri360.de